21世纪全国高职高专机械专业多媒体教材

液压与气压传动

主编　乔光晖

山东科学技术出版社

主　　编　乔光晖

副 主 编　解成联　周明锋　王蓬莱

编　　者　魏　薇　赵惠莲　高胜男　葛长城

王树波　么学静　张淑静　陈瑞清

主　　审　解成联

前　言 FOREWORD

本书根据高等职业技术教育要求编写，适合作为高等职业院校机电类专业的教学用书，也可作为教师和生产技术人员的参考用书。

本书采用模块化教学方式，围绕教学目标，结合机械制造、数控加工、工程机械中的液压与气压传动实例，在每一教学模块设置教学目标、相关知识、相关实验和思考练习题等内容。

本书根据学生的知识结构和兴趣特点，力求简明易懂，删去传统液压与气压传动教材中繁杂的公式计算和理论推导，又兼顾各个知识点，使教材简洁又不失全面。相关实验结合一体化教学模式，使学生的理论和实践结合，更直观、具体有针对性，加强学生的动手能力，增强对知识掌握的牢固程度；课后练习题难度适中，针对教材内容，适合学生进行课堂练习和课后独立完成作业。

本书共分两篇。第一篇：液压传动，内容包括液压传动基础知识、液压动力元件、液压执行元件、液压控制元件、液压辅助元件、液压基本回路和典型液压系统。第二篇：气压传动，内容包括气压传动基础知识、气动元件、气动基本回路及典型气动系统。

由于编者水平和经验有限，加之时间仓促，难免有不妥之处，恳请读者指正。

学校使用本教材者，出版社可赠给授课教师多媒体教学光盘，有需要者请与山东科学技术出版社联系（邮箱：LTHandLHZ@163.com；电话：0531-82098055）。

目录 CONTENTS

第一篇 液压传动

第二篇　气压传动

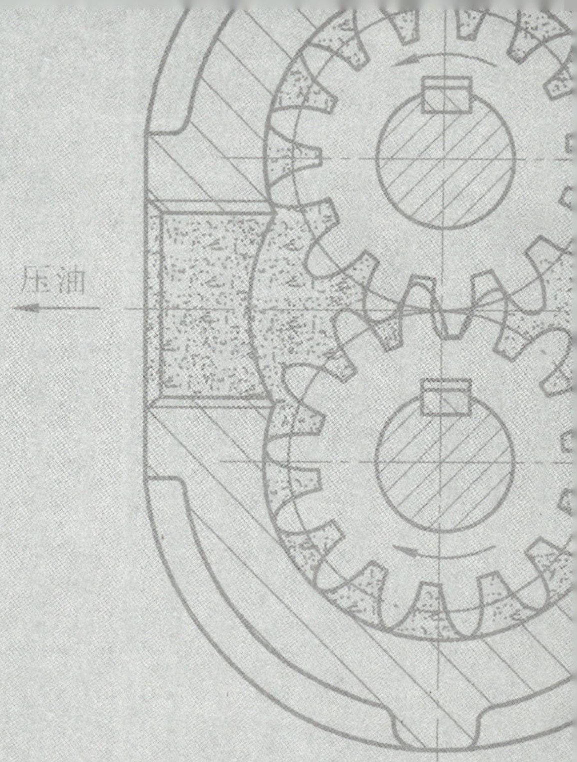

第一篇

液压传动

模块一　液压传动基础知识

任务一　液压传动系统概述

【教学目标】

1. 认识液压传动系统的组成。
2. 掌握液压传动系统的工作原理。
3. 熟悉液压传动系统的工作特点。

【相关知识】

一、液压传动的定义

液压传动是以有压流体作为工作介质进行能量传递和控制的一种传动形式。

二、液压传动的工作原理及液压系统的组成

1. 液压传动的工作原理

通过对液压千斤顶工作过程的分析，可以初步了解到液压传动的基本工作原理。液压千斤顶的系统组成和工作原理如图 1–1 所示。压下杠杆时，小油缸 2 输出压力油，是将机械能转换成油液的压力能；压力油经过管道 6 及单向阀 7，推动大活塞 8 举起重物，是将油液的压力能又转换成机械能。大活塞 8 举升的速度取决于单位时间内流入大油缸 9 中油容积的多少。由此可见，液压传动是一个不同能量的转换过程。

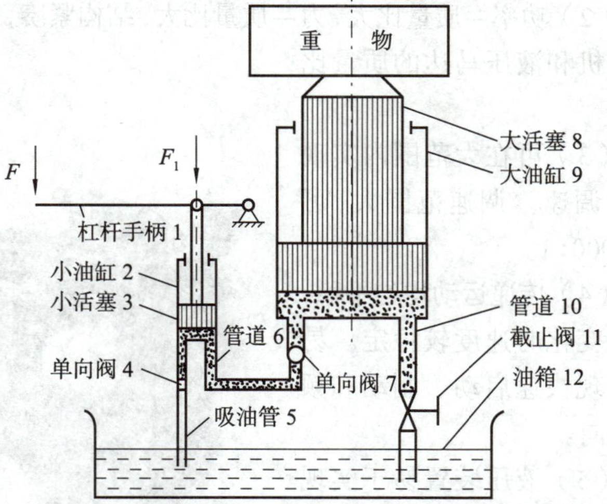

图 1–1　液压千斤顶的系统组成和液压传动原理

2. 液压系统的组成

以磨床的液压系统为例，其组成如图 1–2 和图 1–3 所示。

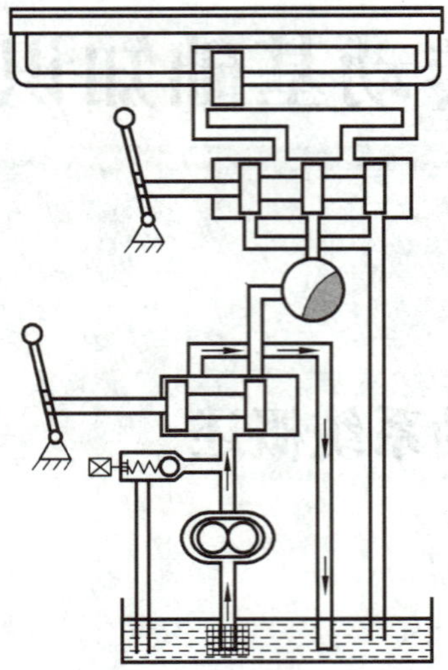

图 1-2　用半结构图形式表示的磨床液压系统组成

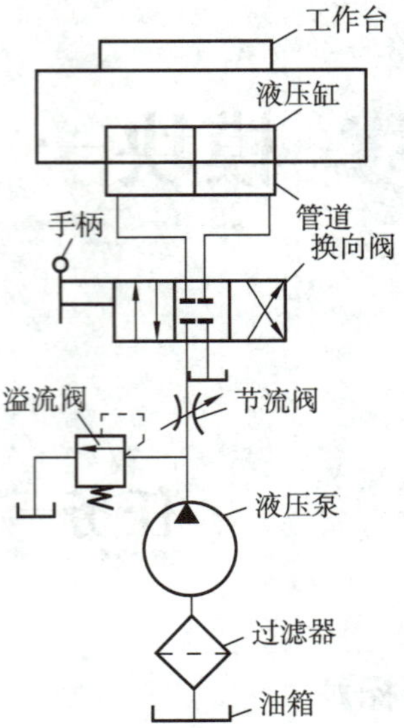

图 1-3　用图形符号表示的磨床液压系统组成

如磨床液压系统所示，完整的液压系统一般由五部分组成：动力元件（常见的形式是液压泵）；执行元件（液压缸和液压马达）；控制调节元件（液压控制阀）；辅助元件（油箱，滤油器，油管等）和工作介质（传递能量的流体，如液压油等）。

三、液压传动的特点

1. 液压传动的优点

（1）液压传动装置的重量轻、结构紧凑、惯性小。

（2）功率–质量比大，力–质量比大，结构紧凑，图 1-4 是功率同为 300 kW 的内燃机、电动机和液压马达的质量比较。

（3）可在大范围内实现无级调速。调速范围大，可达 2000∶1。

（4）传递运动均匀平稳，负载变化时速度较稳定。易于实现快速启动、制动和频繁换向。

（5）液压装置易于实现过载保护。

（6）操作控制方便，易于实现自动控制。

（7）液压元件已实现了标准化、系列化和通用化，

（a）内燃机（15000 kg）　（b）电动机（16000 kg）　（c）液压马达（2100 kg）

图 1-4　相同功率机器外形和质量比较

便于设计、制造和推广使用。

2. 液压传动的缺点

（1）液压系统中的漏油等因素，影响运动的平稳性和正确性，使得液压传动不能保证严格的传动比。

（2）液压传动对油温的变化比较敏感，不宜在温度变化很大的环境条件下工作。

（3）为了减少泄漏，液压元件的配合件制造精度要求较高，加工工艺较复杂。

（4）液压传动要求有单独的能源，不像电源那样使用方便。

（5）液压系统发生故障不易检查和排除。

四、液压传动技术在工程中的应用

液压传动技术有许多突出的优点，因此从民用到国防，从一般传动到精确度很高的控制系统，液压传动技术都得到了广泛的应用，如图 1–5 所示。

工程机械：挖掘机、装载机、推土机、铲运机等。

矿山机械：开采机、破碎机、提升机、液压立柱等。

建筑机械：打桩机、液压千斤顶、平地机等。

汽车工业：自卸式汽车、汽车转向器、减震器等。

机床工业

国防工业

冶金工业

工程机械

农业机械

汽车工业

轻纺工业

船舶工业

图 1–5　液压传动技术在工程中的应用

任务二　液压油

【教学目标】

1. 掌握液压油的物理性质。

2. 掌握液压油的黏温特性。

3. 掌握液压油的选用原则。

【相关知识】

一、液体的密度

单位体积的液体质量称为密度，通常用ρ表示，则

$$\rho = m/V(\mathrm{kg/m^3})$$

式中　m——液体质量（kg）；V——液体体积（$\mathrm{m^3}$）。

二、液体的黏性

液体在外力作用下流动或有流动趋势时，分子间的内聚力会阻碍分子间的相对运动而产生一种内摩擦力，这一特性称作液体的黏性。静止的油液不呈现黏性；黏性是液体重要的物理特性，也是选择液压油的主要依据。

黏性的大小用黏度表示，常用黏度有三种：动力黏度μ，运动黏度ν，相对黏度$°E_t$

动力黏度和运动黏度是理论分析和计算时经常使用到的黏度，但它们都难以直接测量。因此，在工程上常常使用相对黏度。相对黏度又称条件黏度，它是采用特定的黏度计在规定的条件下测量出来的黏度。根据测量条件不同，各国采用的相对黏度的单位也不同，我国采用的是恩氏黏度$°E_t$。

三、液体的可压缩性及黏温特性

1. 液体的可压缩性

液体受压力作用而体积缩小的性质称为液体的可压缩性。因其变化量较小，一般认为液压油是不可压缩的。只有在有较高要求、压力变化较大、混入油液中的气体难以完全排除时，考虑其可压缩性。

2. 液压油的黏温特性

液压油的黏度随温度升高而降低，随温度的降低而升高的特性称为液压油的黏温特性。液压油的黏度对温度的变化是十分敏感的，当温度升高时，其分子之间的内聚力减小，黏度就随之降低。黏度随温度的变化越小越好，即黏温特性要好。黏温特性是恒量液压油性能的重要指标。

四、其他性质

1. 压力对黏度的影响

当液体所受的压力加大时，分子之间的距离缩小，内聚力增大，其黏度也随之增大。一般情况下，压力对黏度的影响较小。当压力小于 20 MPa 时，可忽略压力对黏度的影响。

2. 闪点

闪点是指液压油在规定条件下，加热到它的蒸汽与火焰接触发生瞬间闪火时的最低温度，是液体的危险性指数，闪点越低越容易引发火灾。

3. 凝点

凝点是指在规定的冷却条件下液压油停止流动的最高温度，是表示液压油低温流动性的一个重要质量指标，对于生产、运输和使用都有重要意义。凝点高的液压油不能在低温下使用。

4. 燃点

液压油在空气中开始并继续燃烧的最低温度叫作燃点。

液压油的其他物理化学性能，如抗凝性、抗氧化性、抗燃性、抗泡沫性、抗乳化性、防锈性、润滑性、导热性、相容性及纯净性等，都对液压系统的工作性能有重要影响。

五、对液压油的要求

在液压传动中，液压油既是传动介质，又兼起润滑作用，故对液压油的性能提出如下要求：

（1）良好的热稳定性和氧化稳定性。

（2）适宜的黏度和良好的黏温特性。

（3）良好的抗泡沫性和空气释放性。

（4）在高温环境下具有较高的闪点，起防火作用。

（5）在低温环境下具有较低的凝点。

（6）良好的防腐性、抗磨性和防锈性。

（7）良好的抗乳化性（液压油乳化会降低其润滑性，使酸性增加、使用寿命缩短）。

（8）质量要纯净，不含或含有极少量的杂质、水分和水溶性酸碱等。

任务三　压力、流量和流速

【教学目标】

1. 掌握液体压力的定义。
2. 掌握流量和流速的定义。
3. 掌握压力、流量、流速的关系。
4. 了解流动液体的特点。

【相关知识】

一、液体静压力及其特性

1. 液体静压力的定义

液体的静压力是指液体处于静止状态下单位面积上所受到的法向作用力，在物理学中称为压强，在工程实际中习惯上称为压力，即在面积 A 上作用有法向力 F，则

$$P = F/A$$

式中　P—液体的压强，N/m^2；F—液体的法向力，N；A—液体的作用面积，m^2。

2. 液体静压力的两个重要特性

（1）液体静压力的方向总是朝着承压面的内法线方向。

（2）静止液体内任一点的液体静压力在各个方向上都相等。

二、压力的表示方法及其单位

液体压力的表示方法有两种，如图1-6所示。

1. 绝对压力

以绝对真空（零压力）为基准所表示的压力，称为绝对压力。

2. 相对压力（表压力、真空度）

以大气压力为基准所表示的压力，称为相对压力，又称为表压力。当相对压力小于大气压力时，又称为真空度。

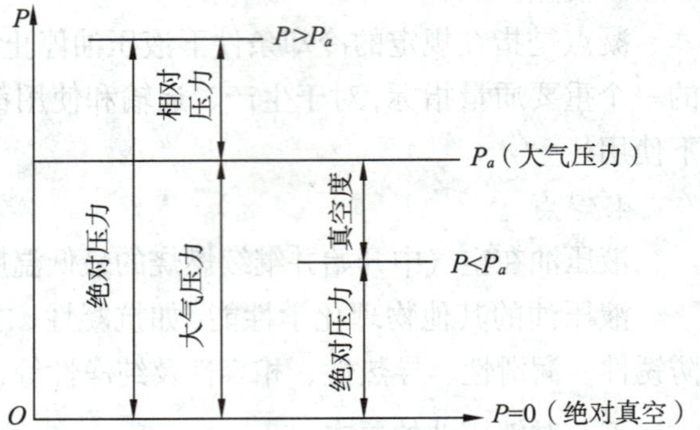

图 1-6 液体压力的表示

3. 换算关系

绝对压力 = 大气压力 + 相对压力

真空度 = 大气压力 − 绝对压力

压力的单位为 Pa 或 N/m^2，工程上用 kPa、MPa、GPa。

1 MPa = 10^3 kPa = 10^6 Pa

1 GPa = 10^3 MPa

1 atm = 1 kg/cm^2 = 9.8×10^4 N/m^2 = 0.1 MPa

三、液体静压传递原理

在密闭容器中，由外力作用所产生的压力可以等值地传递到液体内所有各点，称为帕斯卡原理，或称静压传递原理，如图1-7所示。液压传动就是在这个原理的基础上建立起来的。

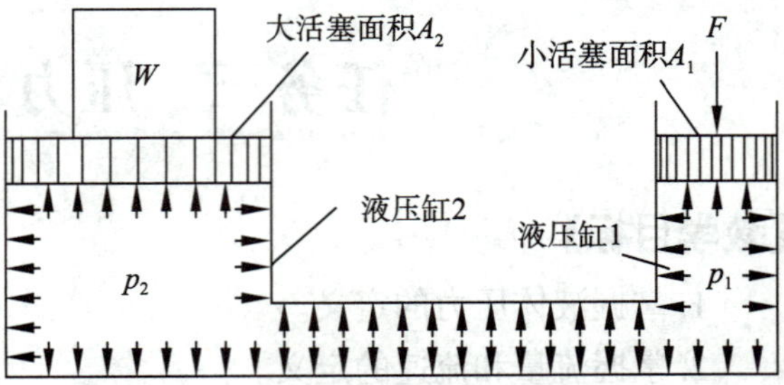

图 1-7 静压传递原理

在液压传动系统中，通常由外力产生的压力要比液体自重形成的压力大得多，所以液体自重形成的压力可略去不计，而认为静止液体中的压力处处相等。分析图示液压系统的受力，由帕斯卡原理 得 $p_1=p_2$，则

$$F/A_1 = W/A_2 \qquad p_1 = F/A_1$$

若重力 $W=0$，则 $p_2=0$，则 p_1 必为零，F 力施加不上去，既负载为零时系统不产生压力。由此得出结论：液压系统工作的压力取决于负载，而与流入的流体多少无关。

四、流量

1. 理想液体和稳定流动

（1）理想液体：假定既无黏性又无压缩性的液体。

（2）稳定流动：液体流动时，液体中任何一点的压力、速度和密度都不随时间而变化。

2. 流量

（1）过流断面：与流体流动方向相垂直的流体横截面，它可能是平面或曲面。

（2）流量：单位时间内通过某过流断面的液体的体积。流量的常用代号为 q，单位为 m^3/s，实际中常用的单位为 L/min 或 mL/s。

五、流速

流速 v 称为过流断面上的平均流速，由 $q=vA$ 得平均流速为

$$v=q/A$$

式中 v —油液的平均流速，m/s；q —油液的流量，m^3/s；A —液压缸的有效作用面积或管道的通流面积，m^2。

六、流动液体的特点

1. 流动液体的压力

流动液体内任意点处的压力在各个方向上的数值可以看作是相等的。

2. 液体的流动状态

层流—液体分层流动，各层互不干扰，黏性力起主导作用。

湍流—液体流动杂乱无章，惯性力起主导作用。

英国物理学家雷诺 1883 年用实验证明了这两种流态的存在，如图 1–8 所示。

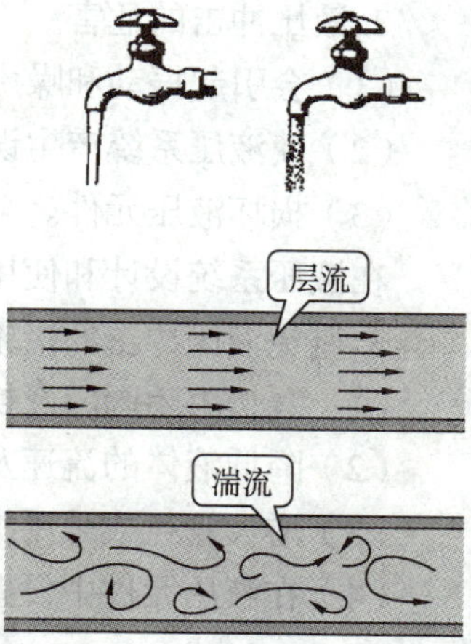

图 1–8 液体的流动状态

雷诺数 Re，其物理意义：液流的惯性力与黏性力之比，当雷诺数大时，说明惯性力起主导作用，黏性力的制约作用减弱，液流状态为湍流（湍流属非恒定流动）；当雷诺数小时，说明黏性力起主导作用，液体质点受黏性力制约，不能随意运动，其液流状态为层流。

临界雷诺数：由湍流转变为层流的雷诺数，以 Re_c 表示。当液流的实际雷诺数 Re 小于临界雷诺数 Re_c 时，液流为层流；反之则为湍流。

重要结论：液压系统中，流速取决于流量。

压力和流量是液压传动中两个最重要的参数。

任务四 液压冲击、空穴现象及压力损失

【教学目标】

1. 掌握液压冲击的定义及其危害和避免措施。
2. 掌握空穴现象的定义及其危害和避免措施。
3. 了解液压传动压力损失的种类。

【相关知识】

一、液压冲击

1. 液压冲击的定义

在液压系统工作过程中，管路中流动的液体往往会因执行部件换向或阀门关闭而突然停止运动。由于液流和运动部件的惯性，在系统内会产生很大的瞬时压力峰值，这种现象称为液压冲击，如图 1–9 所示。

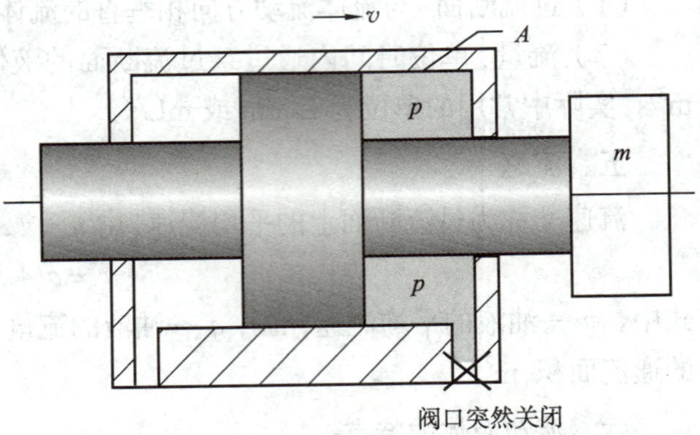

图 1–9　液压冲击现象

2. 液压冲击的危害

（1）会引起振动和噪声；

（2）使液压系统产生误动作；

（3）损坏液压元件。

在液压系统设计和使用中必须采取适当措施来防止、减少液压冲击。

3. 避免液压冲击的措施

（1）缓慢关闭阀门及换向、制动；

（2）降低液体的流速及运动部件的速度；

（3）增大管径或采用橡胶软管，缩短管道长度；

（4）在液压元件中设置缓冲装置，如蓄能器或安装缓冲阀。

二、空穴现象

在液压传动中，液压油总是含有一定量的空气。空气可溶解在液压油中，也可以气泡的形式混合在液压油中。对于矿物型液压油，常温时在一个大气压下约含有 6%~12% 的溶解空气。如果某一处的压力低于空气分离压力时，溶解于油中的空气就会从油中分离出来形成气泡，当压力降至油液的饱和蒸气压力以下时，油液就会沸腾而产生大量气泡。

1. 空穴现象的定义

当液压油的压力低于空气分离压力时，溶解于液压油中的空气会从油液中分离出来，气泡混杂在油液中，使得原来充满导管和元件中的油液成为不连续状态，这种现象称为空穴现象。

2. 空穴现象的危害

空穴现象产生的气泡随着油液运动到高压区时，气泡在高压油作用下迅速破裂，并又凝结成液体，使体积突然减小而形成真空，周围高压油高速流过来补充。由于这一过程是在瞬间发生的，因而引起局部液压冲击，压力和温度都急剧升高，并产生强烈的噪声和振动。

3. 空穴现象的产生场合

（1）在液压系统中，泵的吸油口及吸油管路中的压力低于大气压力容易产生空穴现象；

（2）油液流经节流口等狭小缝隙处，由于速度增加，压力下降至空气分离压力以下时，也会产生空穴现象。

4. 气蚀

在气泡凝结区域的管壁及其他液压元件表面，因长期受冲击压力和高温作用，以及从油液中游离出来的空气中的氧气的酸化作用，使零件表面受到腐蚀，这种因空穴现象而产生的零件腐蚀，称为气蚀，如图 1-10 所示。

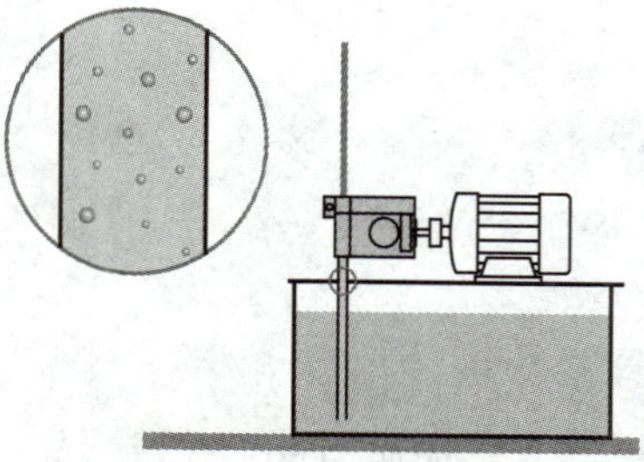

图 1-10 泵吸油口处低压力形成气穴现象

5. 避免空穴现象和气蚀的措施

（1）减小流经小孔和间隙处的压力降；

（2）正确确定液压泵吸油管内径，对管内液体的流速加以限制，降低液压泵的吸油高度，尽量减小吸油管路中的压力损失，管接头良好密封，对于高压泵可采用辅助泵供油；

（3）整个系统管路应尽可能直，避免急弯和局部窄缝等；

（4）提高元件抗气蚀能力，如图 1-11 所示。

图 1-11 产生气蚀的液压元件

三、压力损失

液体在密封管路中流动时，由于实际液体具有黏性，流动时会产生阻力，克服这种阻力，必然会导致能量损失。在液压管路中的能量损失主要表现为压力损失。

液体的压力损失可分为两种：沿程压力损失和局部压力损失。

1. 沿程压力损失

液体在等径直管中流动时的压力损失称为沿程压力损失。沿程压力损失与管道的长度、内径以及液体的流速和黏度等有关；另外还与液体的流动状态有关。

2. 局部压力损失

液体流经管道弯头、突变截面、阀口以及滤网等局部阻力处所引起的压力损失称为局部压力损失。

3. 管路系统的总压力损失

管路系统的总压力损失等于所有沿程压力损失和所有局部压力损失之和。

4. 减少压力损失的措施

液压系统的压力损失绝大部分转变为热能造成油温升高、泄漏增多，降低了液压传动系统的传动效率，影响系统的工作性能。减少液压系统的压力损失可采用以下措施：保持油管内壁要光滑；减少管路弯曲和截面积的突然变化；尽可能缩短管道的长度；减小流速。

相关实验

实验一 压力形成实验

一、实验目的

理解液压传动中压力的基本概念，强化“压力取决于负载”的重要理论。

二、实验仪器及材料

实验台架一个，该台架由容器、活塞、托盘、压力表等组成，活塞与容器管壁间应密封良好，如图 1–12 所示。量杯；200 g、500 g、1000 g 砝码各一个；0~0.25 MPa 压力表，精度等级 0.5；实验用 N46 号液压油。

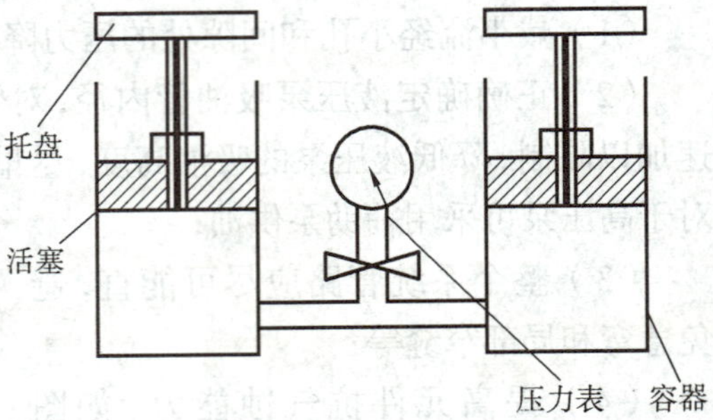

图 1–12 压力形成实验

三、实验步骤

1. 用量杯将液压油倒入实验仪器标线位置。

2. 将活塞装入仪器任一管口内，并缓慢压下，直至液面稍微溢出中心螺孔，同时保持另一管口敞开。

3. 螺纹处装 O 型密封圈，并将托盘拧入活塞，压紧密封圈，打开压力表开关。

4. 空载演示：用手在托盘上方施加压力，活塞开始缓慢下移，此时观察压力表，在另一管口为封闭的情况下，没有任何压力指示。

5. 以不同速度重复步骤 4，仔细观察压力表的变化。

6. 将另一活塞装入仪器另一管口内，直至液面稍微溢出中心螺孔，将 O 型密封圈装到螺孔处，并将托盘拧入活塞，压紧密封圈。

7. 负载实验：在托盘上添加 200 g 砝码，另一侧托盘用手施加压力使其缓慢下移，此时注意观察压力表变化情况。

8. 在托盘上分别添加 500 g、1000 g 砝码，重复步骤 7，观察压力表变化情况。

四、实验结论

思考练习题

一、填空

1. 液压传动是以 _______ 作为工作介质进行能量传递和控制的一种传动形式。

2. 完整的液压系统一般由五部分组成：_______、_______、_______、_______、和 _______。

3. 液压泵是液压传动系统的 _______ 元件。

4. 液压执行元件包括 ________ 和 ________。
5. 液压系统工作的压力取决于 ________，而与流入的流体多少无关。
6. 液压系统中，流速取决于流量 ________。
7. 液体在外力作用下流动或有流动趋势时，分子间的内聚力会阻碍分子间的相对运动而产生一种 ________。这一特性称作液体的黏性。
8. 黏性的大小用黏度表示，常用黏度有三种：________、________、________。
9. 根据测量条件不同，各国采用的相对黏度的单位也不同，我国采用的是 ________。
10. 液压油的黏度随温度变化的特性称为液压油的 ________；黏度随温度的变化越 ________ 越好。
11. 以 ________ 为基准所表示的压力，称为绝对压力。
12. 以大气压力为基准所表示的压力，称为 ________，也称为表压力 ________；以 ________ 为基准所表示的压力，称为绝对压力。
13. 液压传动就是在 ________ 原理的基础上建立起来的。
14. 液体的流动状态分为 ________ 和 ________ 两种。
15. 湍流时液体流动杂乱无章，________ 起主导作用。
16. 层流时液体分层流动，各层互不干扰，________ 起主导作用。
17. 用 ________ 实验可以证明液体流动时存在层流和湍流两种状态。
18. 临界雷诺数是由 ________ 转变为 ________ 的雷诺数，以 Re_c 表示。
19. 如果某一处的压力 ________ 空气分离压力时，溶解于油中的空气就会从油中分离出来形成气泡。
20. 如液压油中存有气泡，零件长期受冲击压力和高温作用，表面受到腐蚀，这种因空穴现象而产生的零件腐蚀，称为 ________。
21. 在液压管路中的能量损失主要表现为 ________；液体的压力损失可分为两种，分别为 ____________ 和 ____________。

二、选择题

1. 以下对液压油性质的错误描述是 （　　）
   A. 在液压传动中，液压油可近似看作不可压缩。
   B. 液压油黏度受温度的影响较大，油温升高，黏度变大。
   C. 黏性是油液流动，或有流动趋势时，分子间的内聚力阻碍分子间的相对运动而产生的一种内摩擦力。
   D. 静止油液的黏性较大。
2. 以下元件属于动力元件的是 （　　）
   A. 液压泵　　B. 液压缸　　C. 液压阀　　D. 蓄能器
3. 压力表上所指示的压力是 （　　）
   A. 大气压力　　B. 绝对压力　　C. 相对压力
4. 液压传动系统对于过载现象 （　　）
   A. 易于实现过载保护　　B. 不能实现过载保护　　C. 不确定

5. 液压传动系统的噪声比气压传动系统（ ）

A. 小　B. 大　C. 不能确定

6. 对液压油黏度影响较大的物理量是（ ）

A. 温度　B. 压力　C. 密度　D. 流速

7. ________ 和 ________ 是液压传动中最重要的参数（ ）

A. 压力和流量　B. 压力和负载　C. 压力和速度　D. 流量和速度

8. 在液压系统的组成中液压缸是（ ）

A. 动力元件　B. 执行元件　C. 控制元件　D. 传动元件

9. 可以在运行过程中实现大范围的无级调速的传动方式是（ ）

A. 机械传动　B. 电气传动　C. 气压传动　D. 液压传动

10. 在液压传动中，液压缸的 ________ 决定于流量（ ）

A. 压力　B. 负载　C. 速度　D. 排量

11. 液压传动中，液压缸的压力取决于（ ）

A. 压力　B. 负载　C. 速度　D. 排量

12. 液体流经管道弯头时造成的压力损失是 ________ 压力损失（ ）

A. 局部压力损失　B. 沿程压力损失　C. 总压力损失

三、简答题

1. 液压传动系统由哪几部分组成？
2. 何谓液压油的黏性？黏度有哪几种？
3. 何谓油液的黏温特性？
4. 液体的静压力具有哪两个重要的特性？
5. 何谓静压传递原理？
6. 什么叫液压冲击？产生的原因是什么？如何避免液压冲击现象的发生？
7. 什么是空穴现象和气蚀？产生在什么场合？如何避免该现象的发生？
8. 液压系统的压力损失有哪几种？降低压力损失的措施有哪些？

模块二　液压动力元件

任务一　液压泵概述

【教学目标】

1. 掌握液压泵的工作原理。

2. 掌握液压泵的优缺点及使用方法。

3. 熟悉液压泵的职能符号及性能参数。

【相关知识】

一、液压泵的工作原理

1. 液压泵的工作原理

液压泵作为液压系统的动力元件，将原动机输入的机械能转化为液体压力能输出，为液压系统提供足够的压力油。

单柱塞液压泵的工作原理如图 2-1 所示。柱塞安装在泵体内，形成一个密封工作腔，柱塞在弹簧的作用下始终压紧在偏心轮上。当原动机带动偏心轮旋转时，柱塞作左右往复运动，使密封工作腔容积的大小发生周期性的变化。当柱塞向右运动时，密封工作腔容积由小变大，形成局部真空，油箱中的油液在大气作用下，经吸油管顶开吸油阀（单向阀），进入密封腔而实现吸油。当柱塞向左运动时，密封工作腔容积由大变小，形成局部高压，由于吸油阀封住了吸油口，密封工作腔的油液将顶开压油阀（单向阀）流入系统而实现压油。偏心轮不停地转动，液压泵便不停地吸油和压油，将原动机输入的机械能转换成了液体的压力能。

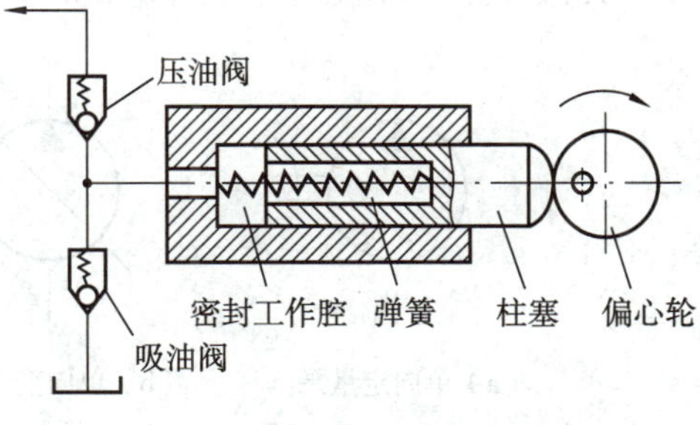

图 2-1　单柱塞液压泵的工作原理

2. 配流装置

配流装置的作用是：吸油时密封工作腔与油箱相通，同时关闭供油管路；压油时，密封工作腔与供油管路相通，同时切断与油箱的连接。图 2-1 中的吸油阀、压油阀就是配流装置。配流装置的形式因液压泵的结构不同而不同。

由上述分析可知，液压泵要实现吸油、压油的工作过程，必须具备下列条件：

（1）可变的密封工作腔容积。

（2）吸油腔与压油腔隔开。

（3）有与密封工作腔容积协调的配流装置。

（4）油箱与大气相通。

这种依靠密封工作腔容积的变化来实现吸油和压油的液压泵称为容积式液压泵。机床的液压系统中一般采用这种泵。

二、液压泵的类型

液压泵
- 按结构不同分
  - 齿轮泵
  - 叶片泵
  - 柱塞泵
- 按其输油方向能否改变分
  - 单向泵
  - 双向泵
- 按其输出流量能否调节分
  - 定量泵
  - 变量泵
- 按其额定压力高低分
  - 低压泵
  - 中压泵
  - 高压泵

三、液压泵的职能符号及型号表达方法

1. 液压泵的职能符号（图 2–2）

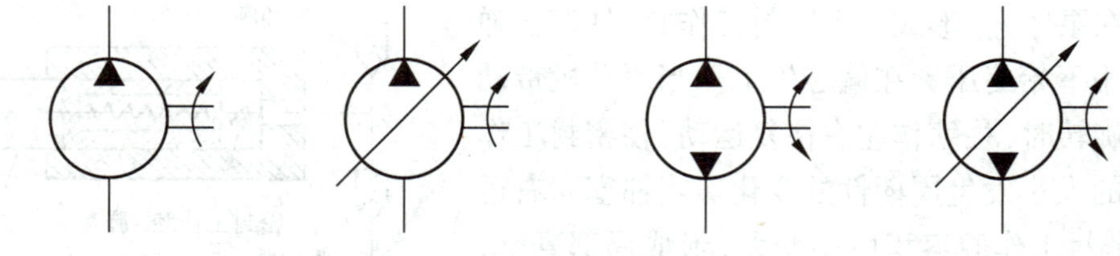

（a）单向定量泵　（b）单向变量泵　（c）双向定量泵　（d）双向变量泵

图 2–2　液压泵的职能符号

2. 液压泵的型号表达方法

下面以齿轮泵为例简单介绍液压泵的型号表达方法。

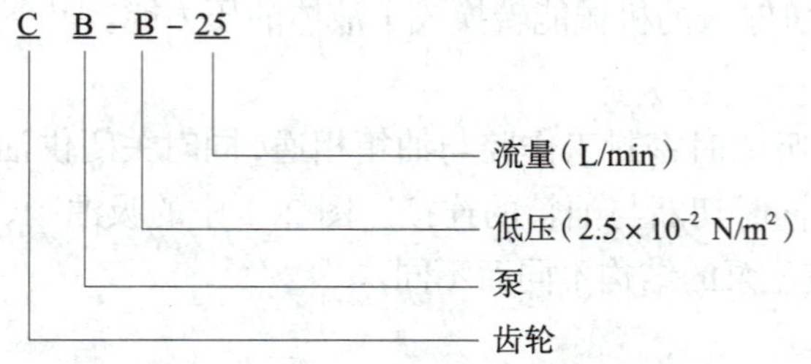

任务二　齿轮泵

【教学目标】

1. 掌握齿轮泵的分类。
2. 掌握齿轮泵的工作原理。
3. 掌握齿轮泵的特点及应用场合。

【相关知识】

齿轮泵分外啮合齿轮泵和内啮合齿轮泵两种。常用的为外啮合齿轮泵。

一、外啮合齿轮泵的工作原理

齿轮泵的工作原理如图 2–3 所示。泵体内装有一对外啮合齿轮，齿轮两侧面靠端盖（图中未画出）密封。泵体、两端盖和齿轮的各个齿间组成密封容积，齿轮副的啮合线把密封容积分成两部分，即吸油腔和压油腔，并分别与吸油口和压油口相通。

当齿轮按如图所示方向转动时，在右侧吸油腔中，啮合的两轮齿脱离啮合，密封容积由小变大，形成局部真空，使油箱的油液在大气压力作用下经吸油口进入右侧吸油腔，并充满齿间。随着齿轮的回转，吸油腔的油液被带到左侧，即压油腔。在压油腔中，两齿轮的轮齿逐渐进入啮合，密封容积由大变小，局部压力升高，使压油腔的油液被挤压，经压油口压出泵体，输送到压力管路中去。当齿轮在电机带动下连续回转时，吸油腔不断地吸油，压油腔不断地压油。

啮合点处的齿面接触线将吸、压油腔分隔，起配流的作用，因此，齿轮泵中设有专门的配流机构。

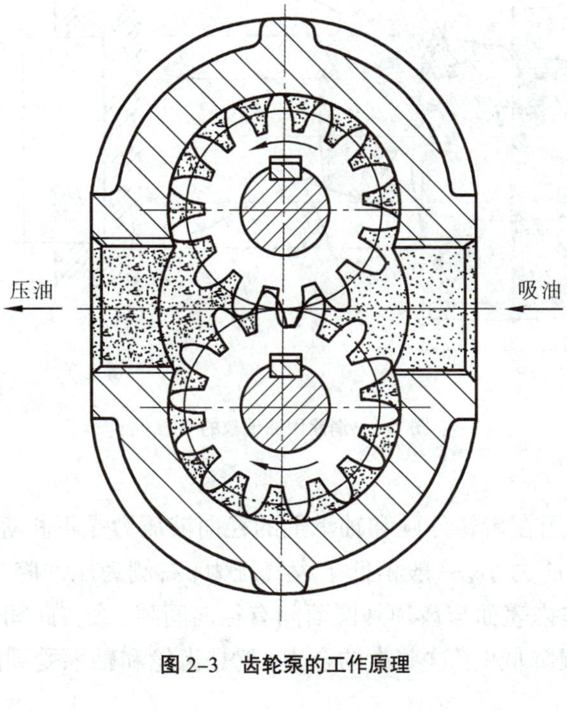

图 2–3　齿轮泵的工作原理

二、外啮合齿轮泵在结构上存在的几个问题及补偿措施

1. 困油现象

液压油在渐开线齿轮泵运转过程中，当齿轮的重叠系数大于 1 时，即有两对齿轮同时啮合，常有一部分的液压油被独立地封闭在齿间，因齿轮相交处的封闭体积随时间改变，这个密封容积随齿轮的转动而变化，密封容积由大变小时，被封闭的油液受挤压产生很高的压力，并从缝隙中挤出，油液发热，使轴承受到额外负载；而密封容积由小变大时，又会造成局部真空，使溶解在油液中的气体逸出，产生空穴现象，致使泵产生强烈的震动和噪声，这种现象称为齿轮泵的困油现象，如图 2–4 所示。为防止困油现象发生，必须在侧板，如在前后盖板或浮动轴套上开设卸荷槽，如图 2–5 所示。开设卸荷槽的原则：两槽间距 a 为最小闭死容积，使闭死容积由大变小时与压油腔相通；闭死容积由小变大时与吸油腔相通。

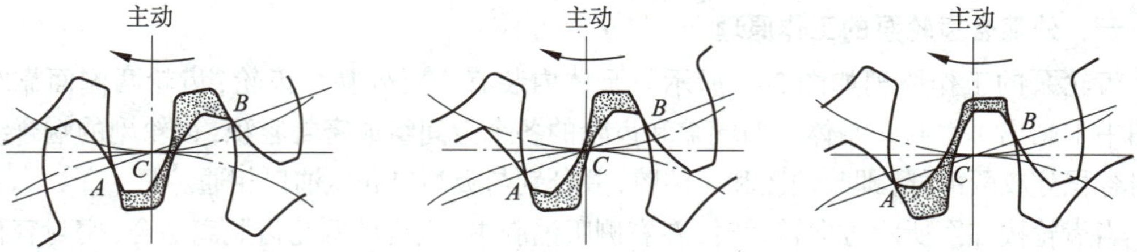

（a）两对齿轮刚进入啮合，密封容积最大；　（b）两对齿轮继续啮合，密封容积由大变小；　（c）左侧齿轮即将脱离啮合，密封容积由小变大；

图 2–4　齿轮泵的困油现象

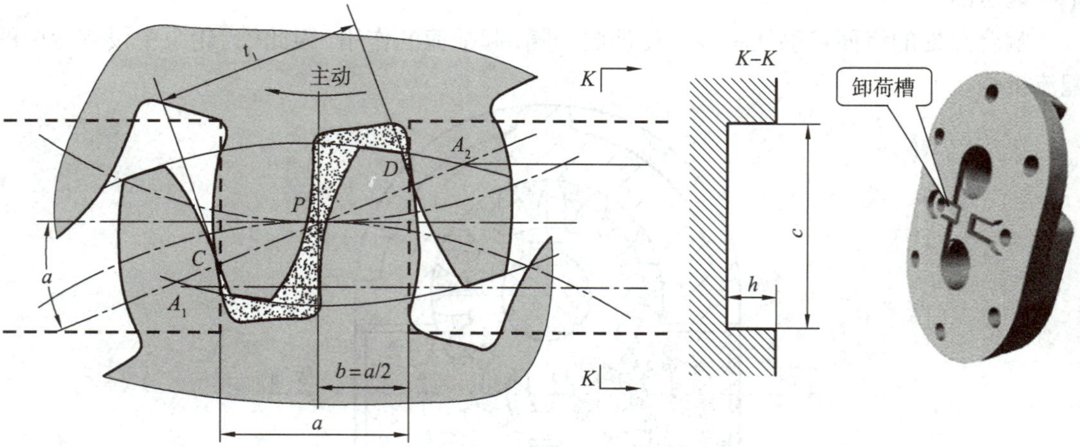

图 2–5　消除困油现象的措施

2. 径向力不平衡

齿轮泵工作时，作用在齿轮外圆和轴承上的径向液压力是不相等的，如图 2–6 所示。泵的左侧为吸油腔，油压力小，一般稍低于大气压力；右侧为压油腔，油压力大，通常为泵的工作压力。由于泵体内表面与齿顶外圆面间有径向间隙，故在此间隙中由压油腔到吸油腔的油压力是逐步分级降低的，这些力的合力，就是齿轮和轴承受到的不平衡的径向力。

泵的工作压力越高，这个不平衡力就越大，其结果是不仅加速轴承的磨损，降低了轴承的寿命，甚至使轴变形，造成齿顶和泵体内表面摩擦等。

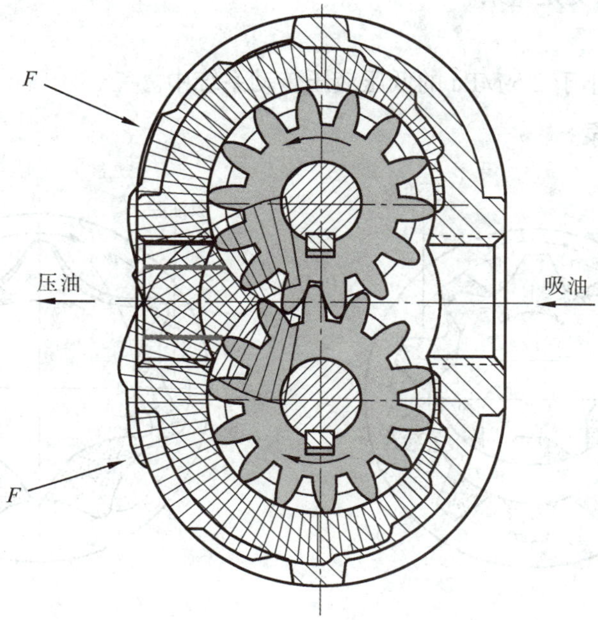

图 2–6 齿轮泵的径向力分布

解决径向力不平衡的简单办法就是缩小压油口，使压油腔的压力油仅作用在一个齿到两个齿的范围内，也可以开设径向力平衡槽。

3. 泄漏

齿轮泵的泄漏会大大降低齿轮泵的容积效率，使其只能用于低压系统。齿轮泵压油腔的压力油可通过三条途径泄漏到吸油腔中去：

（1）通过齿轮啮合处的间隙。

（2）通过泵体内孔和齿顶圆间的径向间隙。

（3）通过齿轮两端侧面和盖板间的端面间隙。其泄漏量占总泄漏量的 75%~80%。

防止齿轮泵泄漏的措施：

常用弹性侧板和浮动套筒对端面间隙进行自动补偿，以减小泄漏。

三、外啮合齿轮泵的优缺点及应用

1. 主要优点

（1）结构简单紧凑，体积小；制造方便，工艺性好；价格低廉。

（2）工作可靠，自吸性能好。无论转速高低，均能可靠地自吸。

（3）转速范围大，由于齿轮泵的回转齿轮是平衡的，因而转速可以很高。一般转速为 1500 r/min。

（4）对油液的污染不敏感，可以输送黏度大的油液。

2. 主要缺点

（1）输油量不均匀，流量脉动大，噪声较大。

（2）由于压油腔压力大于吸油腔压力，使轴产生弯曲变形，使齿轮轴承受到不平衡的径向力（液压力）的作用，加重了轴承的磨损，泄漏增大，因此限制了工作压力的提高。

（3）流量不可调，为定量泵。

3. 应用场合

齿轮泵主要用于小于 2.5 MPa 的低压液压传动系统中。

四、内啮合齿轮泵

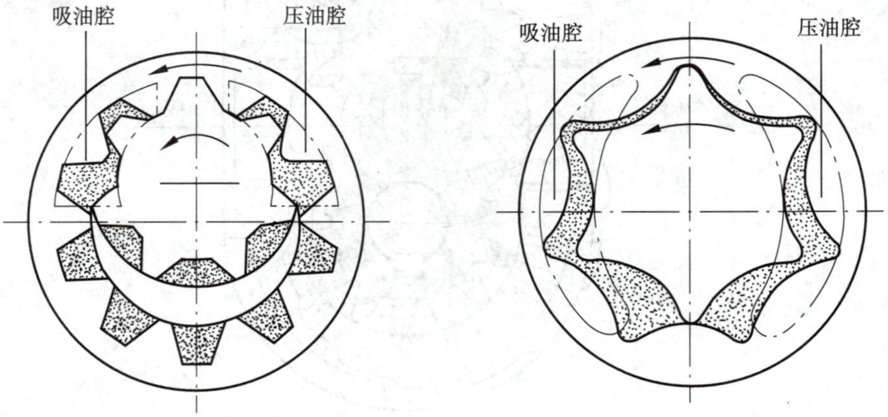

（a）渐开线齿形　　（b）摆线齿形

图 2-7　内啮合齿轮泵

图 2-8　摆线齿形内啮合齿轮泵实物

内啮合齿轮泵有渐开线齿形和摆线齿形两种，如图 2-7 和图 2-8 所示。其工作原理与外啮合齿轮泵相似。

在渐开线齿形内啮合齿轮泵中，小齿轮和内齿轮之间要装一个月牙隔板，以便把吸油腔和压油腔隔开。

内啮合齿轮泵中的小齿轮是主动轮，大齿轮为从动轮，在工作时大齿轮随小齿轮同向旋转。

五、内啮合齿轮泵的优缺点及应用

与外啮合齿轮泵相比，内啮合齿轮泵无困油现象，流量脉动小。结构紧凑，尺寸小，重量轻，运转平稳，噪声低，在高转速工作时有较高的容积效率。但在低速、高压下工作时，压力脉动大，容积效率低。

任务三 柱塞泵

【教学目标】

1. 掌握柱塞泵的分类。
2. 掌握柱塞泵的工作原理。
3. 掌握柱塞泵的应用及结构特点。

【相关知识】

柱塞泵分为轴向柱塞泵和径向柱塞泵两大类。轴向柱塞泵可分为斜盘式和斜轴式两大类。

柱塞泵是通过柱塞在柱塞孔内往复运动时密封工作容积的变化来实现吸油和排油的。由于柱塞与缸体内孔均为圆柱表面，滑动表面配合精度高，所以这类泵的特点是泄漏小，容积效率高，可以在高压下工作。

一、斜盘式（直轴式）轴向柱塞泵的工作原理

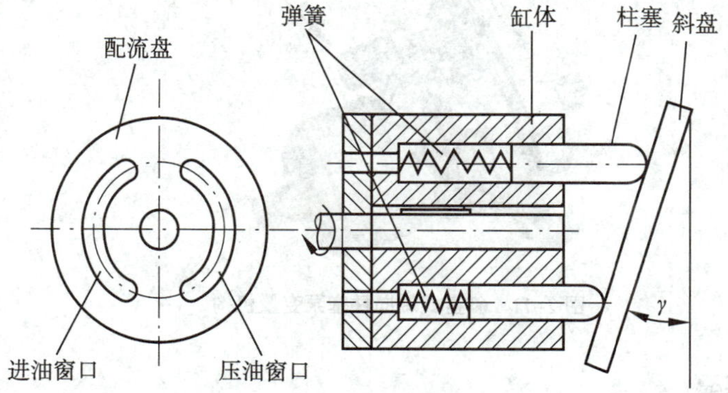

图 2–9 斜盘式柱塞泵

如图 2–9 所示，斜盘式柱塞泵主要由斜盘、柱塞、缸体、配流盘以及弹簧等主要零件组成，斜盘和配流盘是不动的，传动轴带动缸体和柱塞一起转动，柱塞靠弹簧等机械装置压紧在斜盘上。

当传动轴按图示方向旋转时，柱塞在其沿斜盘自下而上回转的半周内，在弹簧作用下逐渐向缸体外伸出，使缸体孔内密封容积由小变大，产生局部真空，从而将油液经配流盘上的进油口吸入；柱塞在其自上而下回转的半周内，又被斜盘逐渐向里推入，使密封容积由大变小，将油液从配流盘出油口向外排出。缸体每转一周，每个柱塞往复运动一次，各完成吸、压油一次。改变斜盘的倾角，就可以改变密封容积的变化量，实现泵的变量。改变斜盘倾角方向，就能改变吸油和压油的方向，即成为双向变量泵。

二、斜盘式轴向柱塞泵的结构特点

1. 滑履结构

一般轴向柱塞泵都在柱塞头部装一滑履，滑履是按静压轴承原理设计的，缸体中的压

力油经过柱塞球头中间小孔流入滑履油室，使滑履和斜盘间形成液体润滑，改善了柱塞头部和斜盘的接触情况，有利于提高轴向柱塞泵的压力和其他参数，使其在高压、高速下工作，如图 2-10 所示。

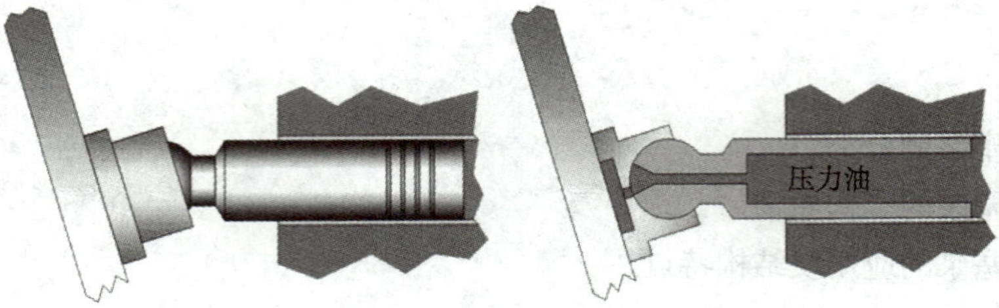

图 2-10　斜盘式轴向柱塞泵滑履结构

2. 变量机构

当旋转变量手轮时，通过丝杠带动变量活塞沿变量活塞壳体上下运动，活塞通过拨叉使斜盘及变量头组件绕其自身的旋转中心摆动，改变斜盘及变量头组件的法线方向与传动轴的轴线方向的夹角，从而达到变量的目的，如图 2-11 所示。

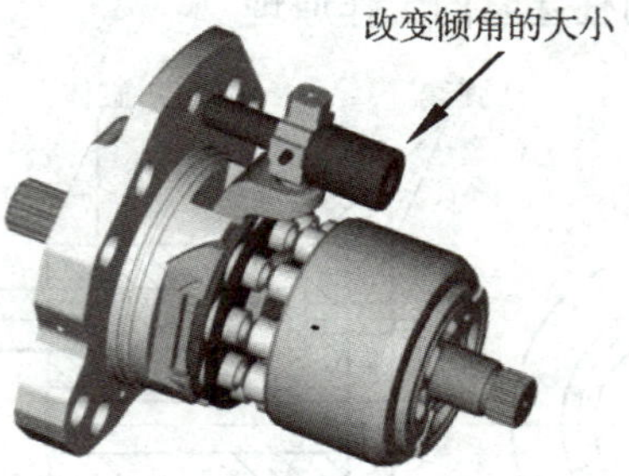

图 2-11　斜盘式轴向柱塞泵变量机构

三、径向柱塞泵

径向柱塞泵的柱塞轴线垂直于转子轴线，因液压油通过中间的配流轴实现吸油和压油，故又称为配流轴式径向柱塞泵，如图 2-12 所示。泵主要由定子、转子、柱塞和转子及位于转子中心的配油轴组成。

图 2-12　径向柱塞泵实物

定子和转子之间有一个偏心 e。衬套固定在转子孔内随之一起转动。配油轴是固定不动的，如图 2-13 所示。柱塞在转子（缸体）

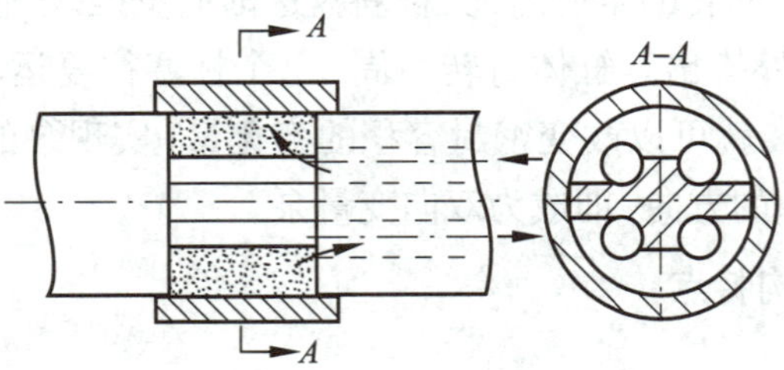

图 2-13　径向柱塞泵的配油轴

的径向孔内运动，形成了泵的密封工作容积。显然，当转子按图 2–14 所示方向转动时，位于上半周的柱塞与缸体形成的密封容积由小变大，处于吸油状态，油箱中的油液经配油轴的吸油孔进入吸油腔；位于下半周的柱塞与刚体形成的密封容积由大变小则处于压油状态，压油腔中的油将从配油轴的压油孔向外输出。配流轴式径向柱塞泵结构如图 2–15 所示。

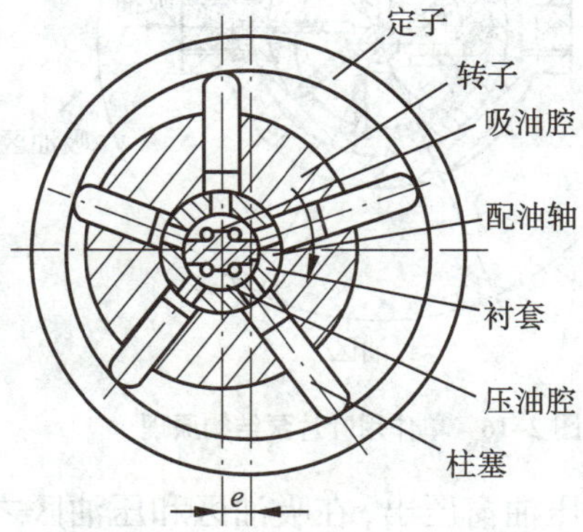

图 2–14　径向柱塞泵结构原理

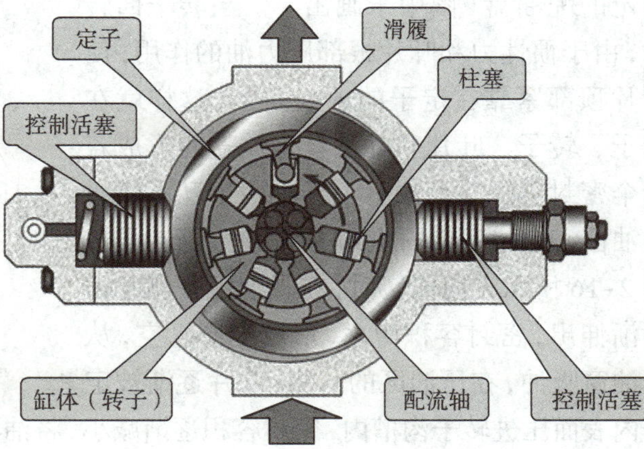

图 2–15　配流轴式径向柱塞泵结构

改变定子与转子偏心距 e 的大小和方向，就可以改变泵的输出流量和泵的吸、压油方向。因此径向柱塞泵可以做成单向或双向变量泵。

径向柱塞泵的优点是流量大、工作压力较高、轴向尺寸小、工作可靠等。其缺点是径向尺寸大，自吸能力差，且配流轴受径向不平衡液压力的作用，易磨损，泄露间隙不能补偿。

任务四　叶片泵

【教学目标】

1. 掌握单作用叶片泵的工作原理。
2. 掌握双作用叶片泵的工作原理。
3. 掌握叶片泵的优缺点及应用。

【相关知识】

叶片泵分为单作用式和双作用式两种。单作用叶片泵转子每转一周完成吸、排油各一次。双作用叶片泵转子每转一周完成吸、排油各两次。双作用叶片泵与单作用叶片泵相比，其流量均匀性好，转子体所受径向液压力基本平衡。双作用叶片泵一般为定量泵，单作用叶片泵一般为变量泵。

一、单作用叶片泵

单作用叶片泵由泵体、转子、定子、叶片和配油盘等零件组成，如图 2–16 所示。定子的内表面是圆形的，转子与定子之间有一偏心量 e ，配油盘只开一个吸油窗口和一个压油窗口。

1.工作原理

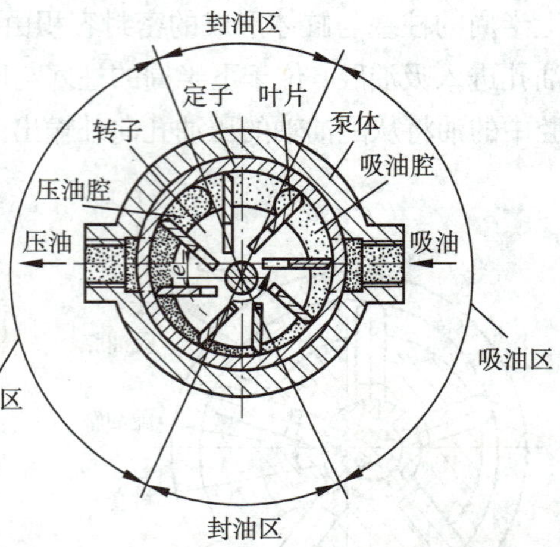

图 2-16 单作用叶片泵结构原理

转子上开有均布的径向倾斜沟槽，装在沟槽内的叶片能在槽内自由滑动，转子装在定子内，两者轴线有一偏心距 e，转子的两侧装有固定的配油盘（图中未画出）。当转子回转时，由于惯性力和叶片根部压力油的作用，使叶片顶部紧靠在定子的内表面上，这样就在定子、转子、叶片和配油盘、端盖间形成若干个密封容积。配油盘上开有两个互不相通的油窗，吸油窗与泵的吸油口相通，当转子按图 2-16 所示方向回转时，在吸油区一侧叶片逐渐伸出，密封容积增大，形成局部真空，从吸油窗吸油，在压油区的一侧，叶片逐渐被定子内表面压进转子沟槽内，密封容积逐渐减小，将油液从压油窗压出，在吸油区和压油区之间，有一段封油区将它们分开。

转子每转一周，每个密封容积完成吸油、压油各一次，因此也称为单作用叶片泵。单作用叶片泵的转子受不平衡液压力的作用，故又被称为非卸荷式叶片泵。

2. 单作用叶片泵的结构特点

（1）改变定子和转子之间的偏心距便可改变流量。偏心反向时，吸油、压油方向也相反，因而单作用叶片泵是变量泵。

（2）处在压油腔的叶片顶部受到压力油的作用，该作用要把叶片推入转子槽内。为了使叶片顶部可靠地和定子内表面相接触，压油腔一侧的叶片底部要通过特殊的沟槽和压油腔相通。吸油腔一侧的叶片底部要和吸油腔相通，这里的叶片仅靠离心力的作用顶在定子内表面上。

（3）由于转子受到不平衡的径向液压作用力，所以这种泵一般不宜用于高压。

（4）为了便于叶片在离心力作用下向外伸出，而使叶片有一个与旋转方向相反的倾斜角，称后倾角，一般为 24°。

二、双作用叶片泵

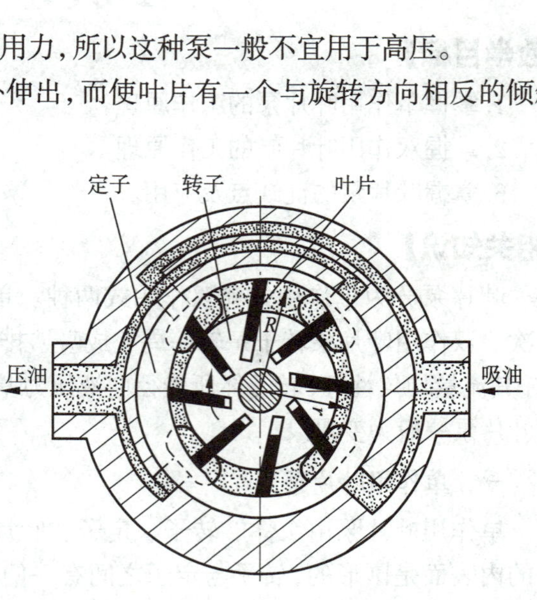

图 2-17 双作用叶片泵的工作原理

双作用叶片泵的工作原理如图 2-17 所示，该泵主要由定子、转子、叶片及装在它们两侧的配流盘组成。定子内表面形似椭圆，由两段半径为 R 的大圆弧、两段半径为 r 的小圆弧和四段过渡曲线所组成。定子和转子的中心重合。在转子上沿圆周均布的若干个槽内分别安装有叶片，这些叶片可沿槽作径向滑动。在配流盘上，对应于定子四段过渡曲线的位置开有四个腰形配流窗口，其中两个窗口与泵的吸油口连通，为吸油窗口；另两个窗口与压油口连通，为压油窗口。当转子由轴带动按图示方向旋转时，叶片在自身离心力和由压油腔引至叶片根部的高压油作用下贴紧定子内表面，起密封作用，并在转子槽内往复滑动。这样，在转子、定子、叶片和配油盘之间就形成了若干个密封的工作容积。当叶片由定子小半径 r 处向定子大半径 R 处运动时，相邻两叶片间的密封容积就由小变大，形成局部真空，而经过吸油窗口吸油；当叶片由定子大半径处向定子小半径处运动时，相邻两叶片间的密封容积就由大变小，通过压油窗口压油。

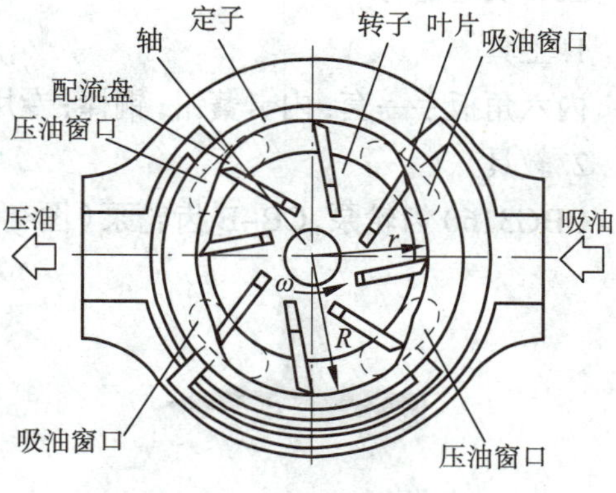

图 2-18　YB1 型双作用叶片泵的结构

转子每转一周，每一叶片往复滑动两次，因而吸、压油作用发生两次，故这种泵称为双作用叶片泵。

YB1 型双作用叶片泵的结构如图 2-18 所示。因吸、压油口对称分布，作用在转子和轴承上的径向液压力相平衡，所以这种泵又称为平衡式叶片泵。

三、叶片泵的特点及应用

叶片泵是机床液压系统中应用最广的一种泵，相对于齿轮泵来说，它有以下特点

1. 优点

（1）输出流量比齿轮泵均匀，运转平衡，噪声小。

（2）工作压力高，容积效率也高。

（3）单作用叶片泵易实现流量调节，双作用叶片泵使用寿命长。

（4）结构紧凑，轮廓尺寸小，流量大。

2. 缺点

（1）自吸性能较齿轮泵差。

（2）对油液污染敏感，工作可靠性差。

（3）结构复杂，价格高。

3. 应用场合

一般用于中压液压系统中。主要用于速度平衡性要求较高的中（6.3 MPa）、低压系统。随着结构、工艺及材料的不断改进，叶片泵正向着中高压及高压方向发展。

相关实验

齿轮泵的拆装

一、实验目的

使学生熟悉齿轮泵的结构特点，加深对齿轮泵工作原理的认识。

二、实验器材

1. 工具

内六角扳手一套；内卡簧钳；铜棒；专用钢套。

2. 教具

CBG3160 齿轮泵，CB–B 齿轮泵（图 2–19）。

图 2–19 CB–B 齿轮泵

三、齿轮泵的分解

1. 用内六角扳手拆掉连接前后泵盖与泵体的内六角螺栓。

2. 用铜棒轻轻敲击驱动轴，使前后泵盖与泵体从结合面处分离。

3. 取下后泵盖、侧板与泵体间的 O 型圈、泵体定位销。

4. 从前泵盖中抽出主动齿轮及主动轴。

5. 取下前泵盖处的侧板和 O 型圈。

6. 从前泵盖上取出被动齿轮和被动轴。

7. 用内卡簧钳取出前泵盖中的卡簧，用专用钢套轻轻敲出内侧的骨架油封。

四、CBG3160 齿轮泵结构特点的观察

1. 注意观察泵体中铸造的油道、侧板的卸压孔和回油孔、骨架油封密封唇口的方向、主动轮和被动齿轮的啮合、铜套的位置以及各零部件之间的装配关系。

2. 注意铭牌的观察，铭牌标注了泵的基本参数。泵的排量 160 L/r，泵的额定压力 16 MPa。

3. 注意观察泵的装配特点。CBG3160 齿轮泵的泵体采用三片式结构，由泵壳、前后泵盖组成，主动轴两端装有浮动侧板、轴承、隔套和骨架油封。

4. 注意观察浮动侧板、泵体油道和各泄漏部位。

齿轮泵中存在三个可能产生泄漏的部位：齿轮外圆与泵体配合处、齿轮端面和端盖间、两个齿轮的齿面啮合处。正常情况下，齿轮端面和端盖间的轴向间隙的泄漏对泵的容积效率影响较大，高压齿轮泵必须采用能自动补偿轴向装置以减小泄漏的影响。因此，CBG3160 齿轮泵齿轮两侧装有浮动侧板，高压侧的压力油经内部油道引入到侧板的背面，随着工作压力的提高，其端面间隙将自动减小，因此在高压下运行时，仍能保持较高的效率。

由于齿轮泵的困油会引起噪音和振动，并使轴承承受额外负载，严重时将产生刮壁现象。为此，在两块侧板的高压区设有卸荷槽，使这个封闭容积在进入啮合时与高压侧相通，

避免了困油的不良影响。

5. 注意泵体上油道的观察，并结合课本的有关内容仔细分析它们的作用。

6. 注意骨架油封的观察。CBG3160 齿轮泵泵轴处装了两个骨架油封，外侧油封的密封唇口向外，以防止外界空气进入，内侧油封唇口向内，以防止内部油液外泄。

五、齿轮泵的装配要点和注意事项

装配按拆卸相反顺序进行即可。另外，装配时应注意以下事项：

1. 零件的清洁。用煤油或柴油清洗全部零件，干燥后用不起毛的布擦拭干净，用细锉或油石去除各加工面的毛刺。

2. 铜套的装配。铜套有两个，分别装配在前、后泵盖主动轴承孔中，装配后套筒小端应朝向泵盖。

3. 轴承的装配。各轴承装配后，检查轴承端面应高于泵盖端面 0.1~ 0.2 mm。

4. 骨架油封的装配。外侧油封应使其密封唇口向外，内侧油封唇口向内。

5. 主动轴装配时应防止其擦伤铜套内孔以及骨架油封唇口。

6. 侧板的装配。侧板装配时应使其粉末冶金面面向齿轮，小卸荷槽（不通孔）在压油腔一侧，通孔在吸油腔一侧。

7. 装配后向油泵的进油口注入机油，用手转动应均匀无过紧感觉。

六、讨论

1. CBG 齿轮泵与 CB-B 齿轮泵在结构上有哪些不同？

2. CBG 齿轮泵中浮动侧板有什么作用？

3. 齿轮泵产生泄漏的部位在什么地方？一般采取什么办法解决？

思考练习题

一、填空

1. 按结构不同，液压泵可分为 ________、________、________。
2. 依靠密封容积的变化来实现吸油和压油的液压泵，称为 __________。
3. 液压泵作为液压系统的动力元件，将原动机输入的机械能转化为 __________ 输出，为液压系统提供足够的压力油。
4. 单作用叶片泵为了便于叶片在离心力作用下向外伸出，而使叶片有一个与旋转方向相反的倾斜角，称后倾角，一般为 ____________________________________。
5. 双作用叶片泵一般为 ________ 泵；单作用叶片泵一般为 ________ 泵。
6. 按结构不同，叶片泵分为 ________ 和 ________ 两种。
7. 改变径向柱塞泵定子与转子 _________ 的大小和方向，就可以改变泵的输出流量和泵的吸、压油方向。

二、判断

1. 单作用叶片泵一般不宜用于高压。（　）

2. 单作用叶片泵是变量泵。（ ）
3. 单作用叶片泵的转子受不平衡液压力的作用，又称为卸荷式叶片泵。（ ）
4. 双作用叶片泵与单作用叶片泵相比，其流量均匀性好，转子所受径向液压力基本平衡。（ ）
5. 径向柱塞泵可以做成单向或双向变量泵。（ ）
6. 齿轮泵主要用于大于 2.5 MPa 的低压液压传动系统中。（ ）
7. 齿轮泵的泄漏会降低其容积效率，只能用于低压。（ ）
8. 泵的工作压力越高，径向不平衡力就越大，危害性也越大。（ ）
9. 齿轮泵的困油现象对齿轮泵有益无害。（ ）
10. 机床的液压系统中一般采用容积式液压泵。（ ）

三、简答

1. 液压泵实现吸油和压油必须具备的条件是什么？
2. 叶片泵有哪些优缺点？适应于什么场合？
3. 单作用叶片泵有何结构特点？
4. 试述单作用叶片泵和双作用叶片泵的工作原理。
5. 斜盘式轴向柱塞泵是如何实现变量的？
6. 内啮合齿轮泵有何优缺点？适用于什么场合？
7. 外啮合齿轮泵有何优缺点？
8. 齿轮泵压油腔的压力油可通过哪三条途径泄漏到吸油腔？
9. 什么是齿轮泵的径向力不平衡？如何解决？
10. 什么是齿轮泵的困油现象？如何避免困油现象？
11. 试述外啮合齿轮泵的工作原理。
12. 试画出液压泵的各种职能符号。

模块三　液压执行元件

任务一　液压缸的类型和特点

【教学目标】

1. 掌握液压缸的类型及工作特点。
2. 掌握活塞式液压缸的结构及工作原理。
3. 掌握柱塞缸及摆动缸的工作原理及应用场合。

【相关知识】

一、液压缸的类型和特点

液压缸是液压系统的执行元件，它是一种把液体的压力能转变为直线往复运动机械能的能量转换装置。它可以很方便地获得直线往复运动和很大的输出力，结构简单、工作可靠，制造容易，因此应用广泛，是液压系统中最常用的执行元件。图 3–1 为液压缸的实物图。

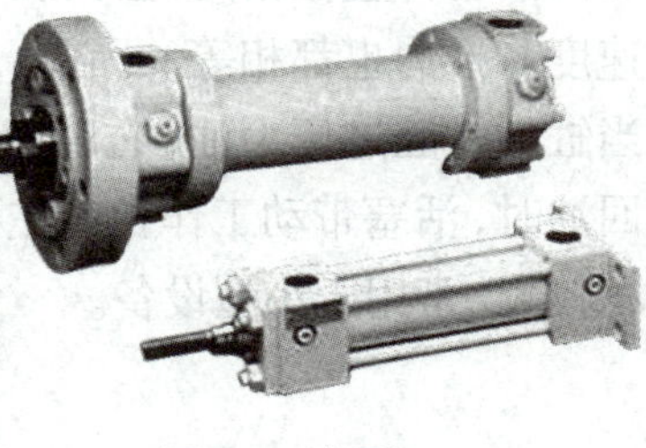

图 3–1　液压缸

液压缸按结构形式可分为活塞式、柱塞式和摆动式三大类；按液压力作用方式可分为单作用式和双作用式两种。

单作用液压缸利用液压力推动活塞向一个方向运动，而反向运动则靠外力实现，如运动件的自重或其他外力（如弹簧力）。单作用液压缸职能符号如图 3–2 所示。

双作用液压缸则是利用液压力推动活塞正反两方向的运动，这种形式的液压缸应用最多。双作用液压缸职能符号如图 3–3 所示。

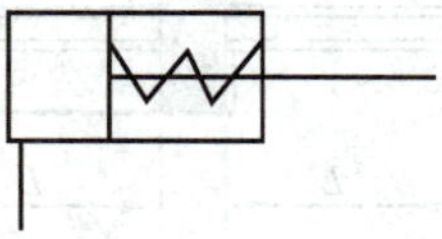

图 3–2　单活塞杆单作用液压缸职能符号

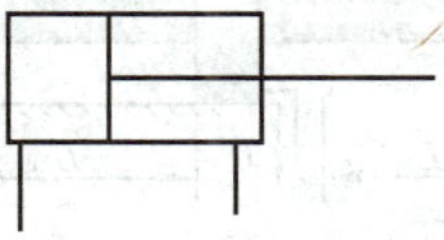

图 3–3　单活塞杆双作用液压缸职能符号

二、活塞式液压缸

双作用活塞式液压缸分为双活塞杆式和单活塞杆式两种。双活塞杆液压缸在机床液压系统中采用较多。单活塞杆液压缸广泛应用于各种工程机械中，其结构如图 3–4 所示。

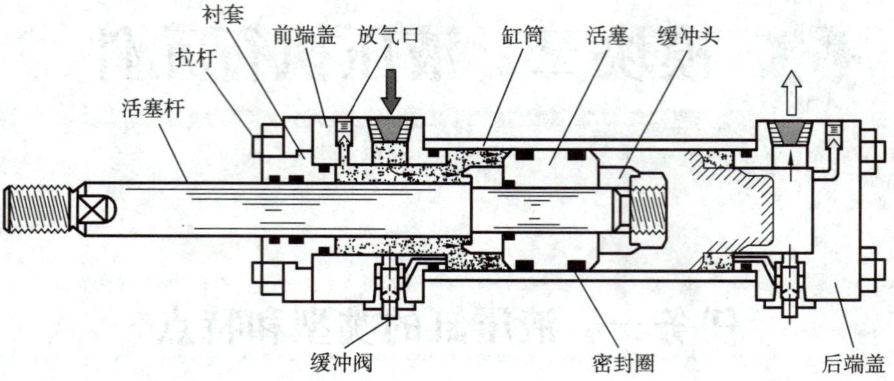

图 3–4　单活塞杆液压缸结构

1. 双活塞杆液压缸

按固定方式不同，双活塞杆液压缸有缸体固定和活塞杆固定两种形式。

缸体固定双活塞杆液压缸的工作原理如图 3–5（a）所示。其活塞的两侧都有伸出杆，当两活塞杆直径相同，缸两腔的供油压力和流量都相等时，活塞（或缸体）两个方向的运动速度和推力也都相等。因此，这种液压缸常用于要求往复运动速度和负载都相等的场合。当缸的左腔进压力油，右腔回油时，活塞带动工作台向左移动。反之，右腔进压力油，左腔回油时，活塞带动工作台向左移动；工作台的最大运动范围是活塞有效行程的三倍，占地面积较大，常用于小型设备。

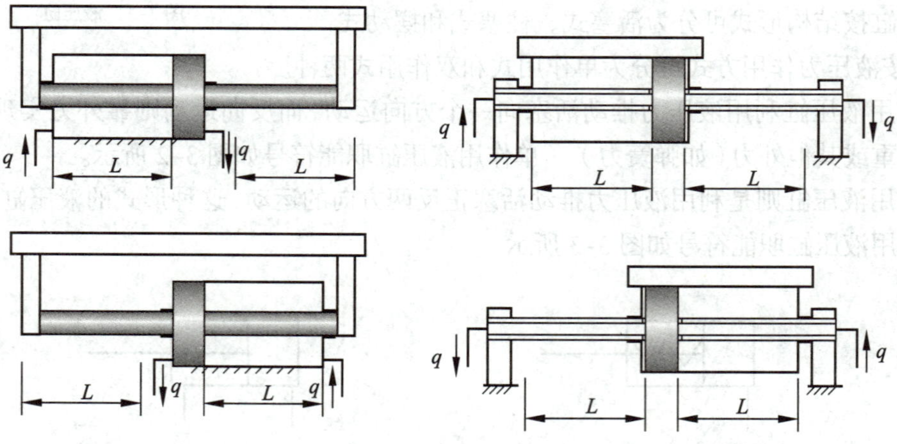

（a）缸体固定双活塞杆液压缸的工作原理　（b）活塞杆固定式双活塞杆液压缸的结构原理

图 3–5　双活塞杆液压缸的形式

图 3–5（b）所示为活塞杆固定式双活塞杆液压缸的结构原理图。液压油经空心活塞杆的中心孔及靠近活塞杆处的径向孔进出液压缸。当缸的左腔进压力油，右腔回油时，缸体带动工作台向左移动；反之，右腔进压力油，左腔回油时，缸体带动工作台向右运动。工作台的运动范围是缸体有效行程的两倍，占地面积较小，常用于大中型设备。

2. 单活塞杆液压缸

图 3–6 所示为单活塞杆液压缸工作原理图，其活塞的一侧有伸出杆，两腔的有效工作面积不等。当向缸两腔分别供油，且供油压力和流量相同时，活塞（或缸体）在两个方向的推力和运动速度不等。活塞两端有效面积不等，故两端推力和速度不相等。

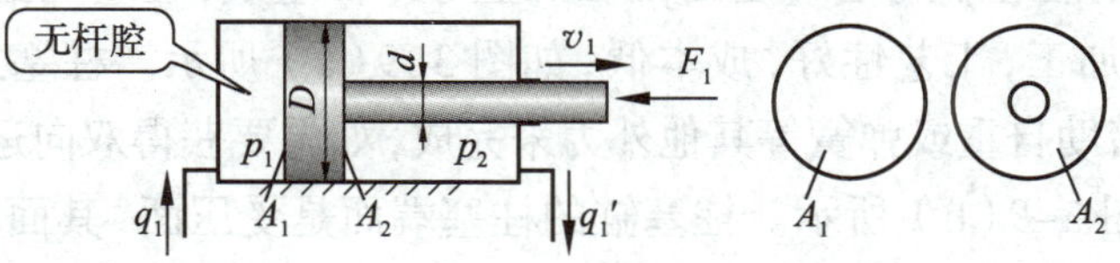

图 3–6　单活塞杆液压缸工作原理

无杆腔进油时，推力大，速度低；有杆腔进油时，推力小，速度高。因此，单杆活塞缸常用于一个方向有较大负载但运动速度较低，另一个方向为空载快速退回运动的设备。如各种金属切削机床、压力机、注塑机、起重机的液压系统常用单杆活塞缸，如图 3–7 所示。

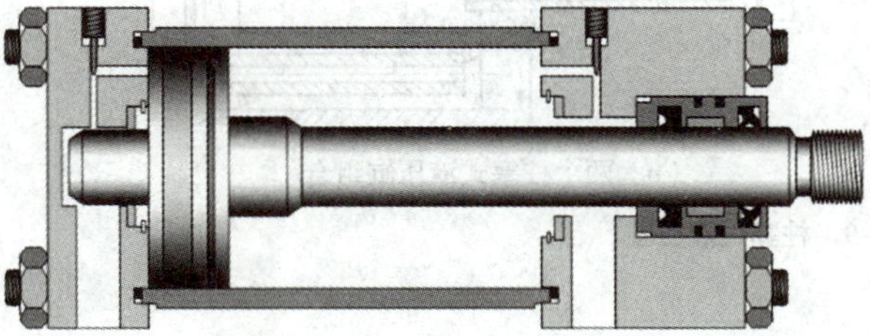

图 3–7　单杆活塞液压缸

3. 液压缸的差动连接

单活塞杆液压缸，如将液压缸左右两腔相互接通，并同时输入压力油时，由于无杆腔的工作面积比有杆腔工作面积大，活塞向右的推力大于向左的推力，故其向右移动，液压缸的这种连接称为差动连接。如图 3–8 所示。

差动液压缸左、右两腔的油压力是相等的，但无杆腔推力大于有杆腔，故活塞杆作伸出移动，并使有杆腔油液向无杆腔流动，加快了活塞杆的伸出速度。

差动液压缸应用于需要获得“快进（差动连接）工进（无杆腔进油）快退（有杆腔进油）工作循环”的组合机床和各类专机的液压系统中。

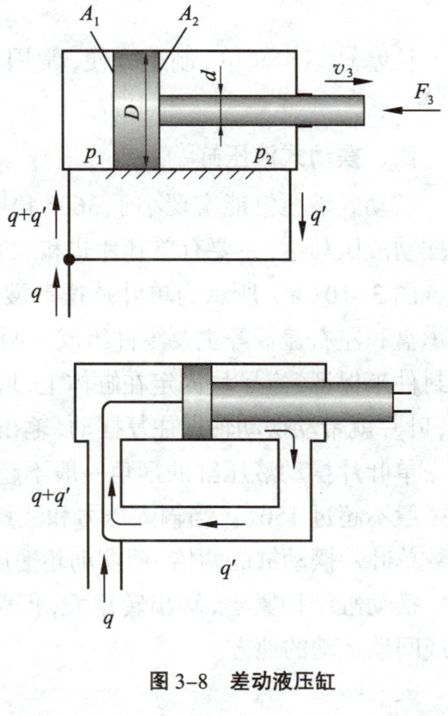

图 3–8　差动液压缸

三、柱塞缸

活塞式液压缸的应用非常广泛，但这种液压缸由于缸孔加工精度要求很高，当行程较长时，加工难度大，使得制造成本增加。在生产实际中，某些场合所用的液压缸并不要求双向控制，柱塞式液压缸正是满足了这种使用要求的一种价格低廉的液压缸。

柱塞缸是单作用缸，在液压力作用下，只能实现单方向运动，它的回程需借助重力或其他外力实现。

柱塞缸的特点及应用场合：柱塞和缸内壁不接触，缸体内壁不需要加工，工艺性好，易作长行程液压缸用。柱塞工作时总是受压，柱塞要有足够的刚度，为减轻自重，常做成空心。

柱塞缸由缸筒、柱塞、导套、密封圈和压盖等零件组成，柱塞和缸筒内壁不接触，因此缸筒内孔不需精加工，工艺性好，成本低，如图 3–9（a）所示。柱塞式液压缸是单作用的，它的回程需要借助自重或弹簧等其他外力来完成，如果要获得双向运动，可将两柱塞液压缸成对使用，如图 3–9（b）所示。柱塞缸的柱塞端面是受压面，其面积大小决定了柱塞缸的输出速度和推力，为保证柱塞缸有足够的推力和稳定性，一般柱塞较粗，质量较大，水平安装时易产生单边磨损，故柱塞缸适宜于垂直安装使用。为减轻柱塞的重量，有时制成空心柱塞。

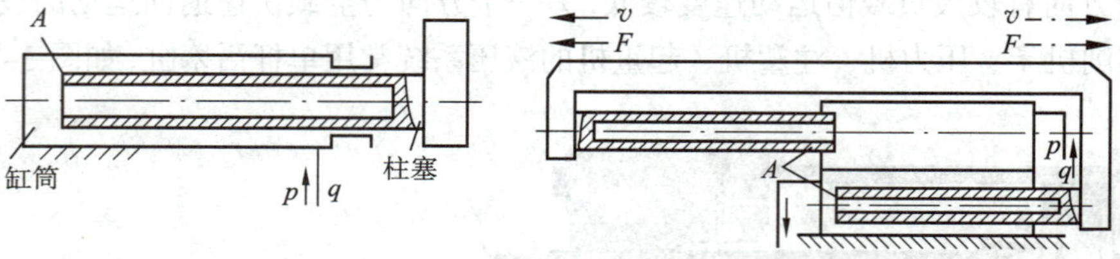

（a）一个单向运动柱塞缸　（b）两个柱塞式液压缸组合

图 3–9　柱塞式液压缸

柱塞缸结构简单，制造方便，常用于工作行程较长的场合，如大型拉床、矿用液压支架等。

四、摆动式液压缸

摆动式液压缸能实现小于 360° 角度的往复摆动运动，由于它可直接输出扭矩，故又称为摆动液压马达，主要有单叶片式和双叶片式两种结构形式。

图 3–10（a）所示为单叶片摆动液压缸，主要由定子块、缸体、摆动轴、叶片、左右支承盘和左右盖板等主要零件组成。两个工作腔之间的密封靠叶片和隔板外缘所嵌的框形密封件来保证，定子块固定在缸体上，叶片和摆动轴固连在一起，当两油口相继通以压力油时，叶片就带动摆动轴做往复摆动，输出转矩。

单叶片摆动液压缸的摆角一般不超过 280°，图 3–10（b）所示双叶片摆动液压缸的摆角一般不超过 150°。当输入压力和流量不变时，双叶片摆动液压缸摆动轴输出转矩是相同参数单叶片摆动缸的两倍，而摆动角速度则是单叶片的一半。

摆动缸结构紧凑，输出转矩大，但密封困难，一般只用于中、低压系统中往复摆动，转位或间歇运动的地方。

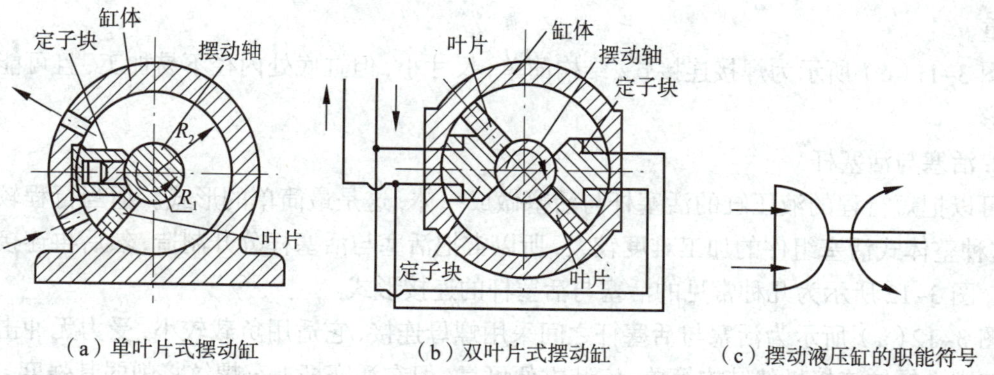

图 3-10　摆动式液压缸

五、液压缸的组成

液压缸的结构基本上可以分为缸筒和缸盖、活塞和活塞杆、密封装置、缓冲装置和排气装置五个部分：

1. 缸筒和缸盖

一般来说，缸筒和缸盖的结构形式和其使用的材料有关。工作压力 $p < 10$ MPa 时，使用铸铁；$p < 20$ MPa 时，使用无缝钢管；$p > 20$ MPa 时，使用铸钢或锻钢。缸筒和缸盖的常见结构形式如图 3-11 所示。

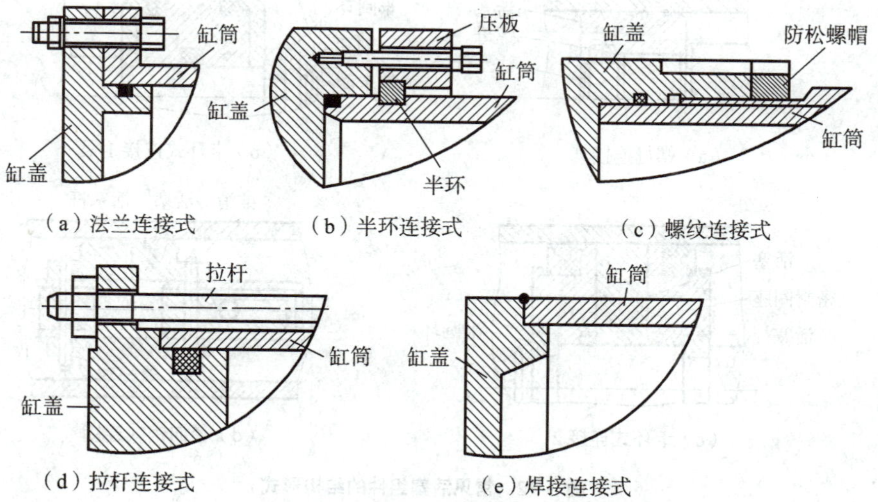

图 3-11　缸筒和缸盖结构

图 3-11（a）所示为法兰连接式，结构简单，容易加工，也容易装拆，但外形尺寸和重量都较大，常用于铸铁制的缸筒上。

图 3-11（b）所示为半环连接式，它的缸筒壁部因开了环形槽而削弱了强度，为此有时要加厚缸壁，它容易加工和装拆，重量较轻，常用于无缝钢管或锻钢制的缸筒上。

图 3-11（c）所示为螺纹连接式，它的缸筒端部结构复杂，外径加工时要求保证内外径同心，装拆要使用专用工具，它的外形尺寸和重量都较小，常用于无缝钢管或铸钢制的缸筒上。

图 3-11（d）所示为拉杆连接式，结构的通用性大，容易加工和装拆，但外形尺寸较大，

且较重。

图 3–11（e）所示为焊接连接式，结构简单，尺寸小，但缸底处内径不易加工，且可能引起变形。

2. 活塞与活塞杆

可以把短行程的液压缸的活塞杆与活塞做成一体，这是最简单的形式。但当行程较长时，这种整体式活塞组件的加工难度较大，所以常把活塞与活塞杆分开制造，然后再连接成一体。图 3–12 所示为几种常见的活塞与活塞杆的连接形式。

图 3–12（a）所示为活塞与活塞杆之间采用螺母连接，它适用负载较小，受力无冲击的液压缸中。螺纹连接虽然结构简单，安装方便可靠，但在活塞杆上车螺纹将削弱其强度。

图 3–12（b）和图 3–12（c）所示为卡环式连接方式。

图 3–12（b）中活塞杆上开有一个环形槽，槽内装有两个半圆环以夹紧活塞，半圆环由轴套套住，而轴套的轴向位置用弹簧卡圈来固定。

图 3–12（c）中的活塞杆使用了两个半圆环，它们分别由两个密封圈座套住，半圆形的活塞安放在密封圈座的中间。

图 3–12（d）所示是一种径向销式连接结构，用锥销把活塞固连在活塞杆上，适用于双出杆式活塞。

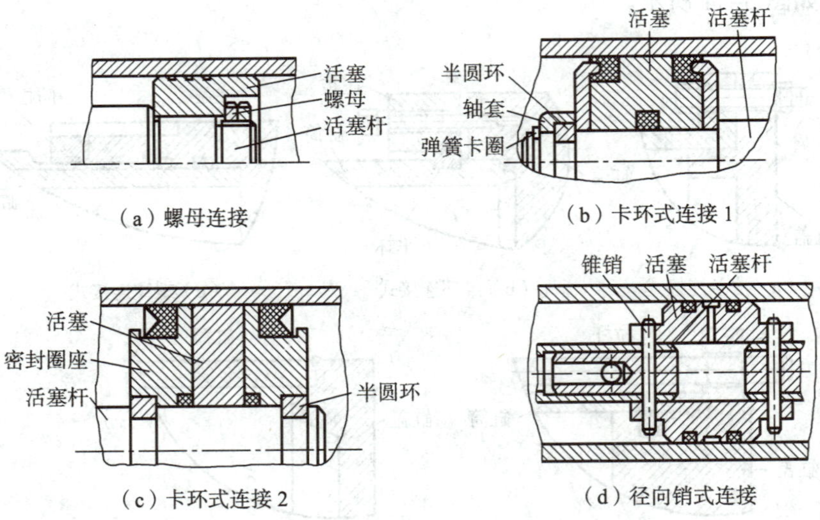

图 3–12　常见活塞组件的结构形式

3. 密封装置

液压缸中常见的密封装置如图 3–13 所示。

图 3–13（a）所示为间隙密封，它依靠运动件的微小间隙来防止泄漏。为了提高这种装置的密封能力，常在活塞的表面上制出几条细小的环形槽，以增大油液通过间隙时的阻力。它的结构简单，摩擦阻力小，可耐高温，但泄漏大，加工要求高，磨损后无法恢复原有能力，只有在尺寸较小、压力较低、相对运动速度较高的缸筒和活塞间使用。

图 3–13（b）所示为摩擦环密封，它依靠套在活塞上的摩擦环（尼龙或其他高分子材料制成）在 O 形密封圈弹力作用下贴紧缸壁而防止泄漏，这种材料效果较好，摩擦阻力较小

且稳定，可耐高温，磨损后有自动补偿能力，但加工要求高，装拆较不便，适用于缸筒和活塞之间的密封。

图 3–13（c）、图 3–13（d）所示为密封圈（O 形圈、V 形圈等）密封，它利用橡胶或塑料的弹性使各种截面的环形圈贴紧在静、动配合面之间来防止泄漏。它结构简单，制造方便，磨损后有自动补偿能力，性能可靠，在缸筒和活塞之间、缸盖和活塞杆之间、活塞和活塞杆之间、缸筒和缸盖之间都能使用。

对于活塞杆外伸部分来说，由于它很容易把脏物带入液压缸，使油液受污染，使密封件磨损，因此常需在活塞杆密封处增添防尘圈，并放在向着活塞杆外伸的一端。

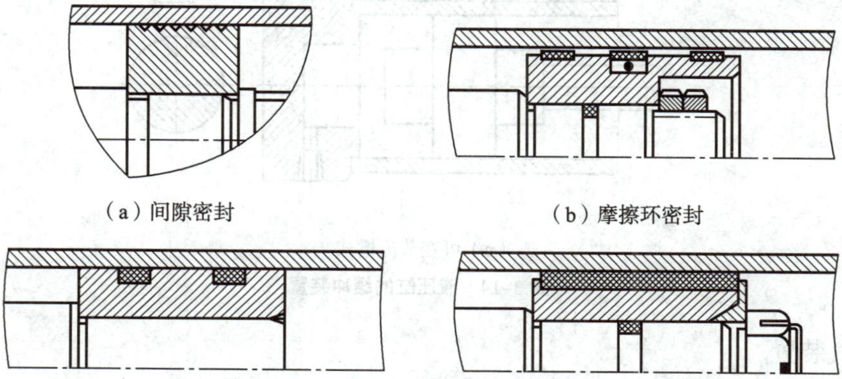

（a）间隙密封　（b）摩擦环密封

（c）O 型圈密封　（d）V 型圈密封

图 3–13　液压缸中常见的密封装置

4. 缓冲装置

液压缸一般都设置缓冲装置，特别是对大型、高速或要求高的液压缸，为了防止活塞在行程终点时与缸盖相互撞击，引起噪声、冲击，则必须设置缓冲装置。

缓冲装置的工作原理是利用活塞或缸筒在其走向行程终端时封住活塞和缸盖之间的部分油液，强迫它从小孔或细缝中挤出，以产生很大的阻力，使工作部件受到制动，逐渐减慢运动速度，达到避免活塞和缸盖相互撞击的目的。

如图 3–14（a）所示，当缓冲柱塞进入与其相配的缸盖上的内孔时，孔中的液压油只能通过间隙 δ 排出，使活塞速度降低。由于配合间隙不变，故随着活塞运动速度的降低，起缓冲作用。当缓冲柱塞进入配合孔之后，油腔中的油只能经节流阀排出。

如图 3–14（b）所示，由于节流阀是可调的，因此缓冲作用也可调节，但仍不能解决速度减低后缓冲作用减弱的缺点。

如图 3–14（c）所示，可变节流槽式缓冲装置，在柱塞上开有三角节流沟槽，节流面积随缓冲行程的增大而减小，缓冲压力变化平稳。

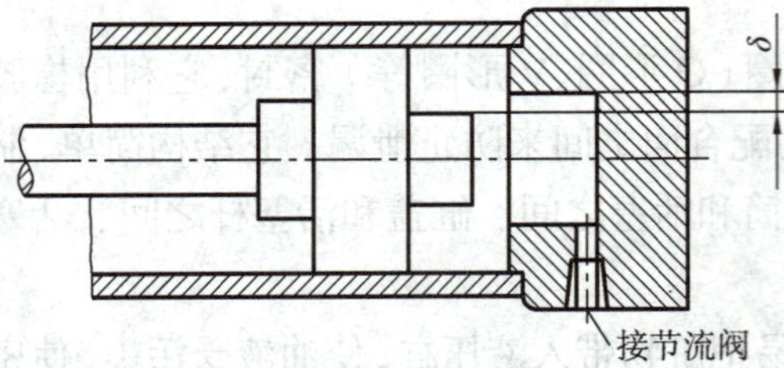

（a）圆柱形环状缝隙式

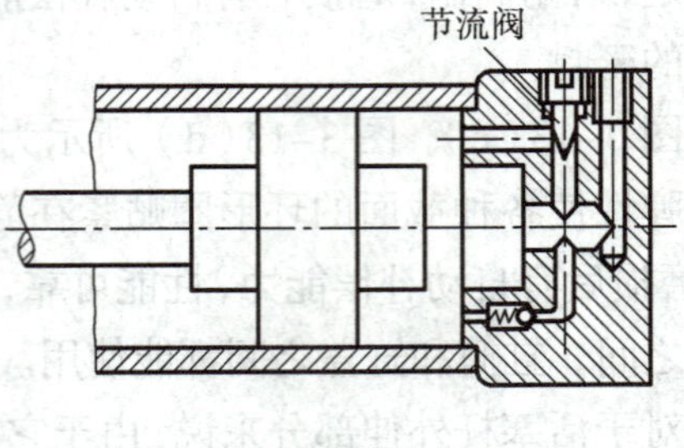

（b）可调节流孔式

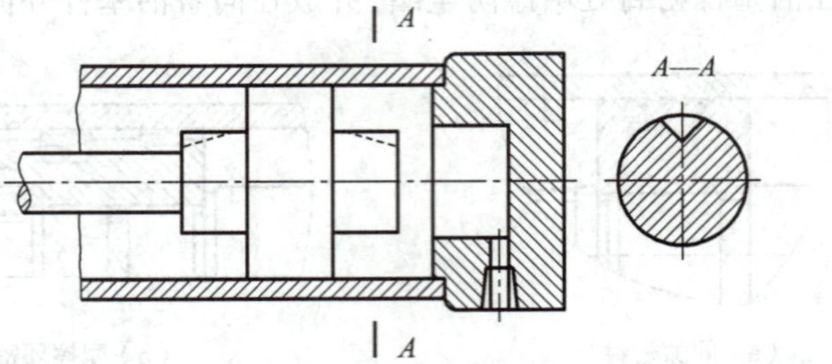

（c）可变节流槽式

图 3–14　液压缸的缓冲装置

5. 排气装置

液压缸在安装过程中或长时间停放重新工作时，液压缸里和管道系统中会渗入空气，为了防止执行元件出现爬行、噪声和发热等不正常现象，影响系统的正常工作，需把缸中和系统中的空气排出。

对于要求不高的油箱，可不设专门的排气装置，而是在液压缸筒两端的最高处设置进出油口，使空气随油液流回油箱；对于速度稳定性要求较高的液压缸和大型液压缸，则必须设置专门的排气装置。如在最高处设置如图 3–15（a）所示的放气孔或如图 3–15（b）、（c）所示的专门的排气阀。

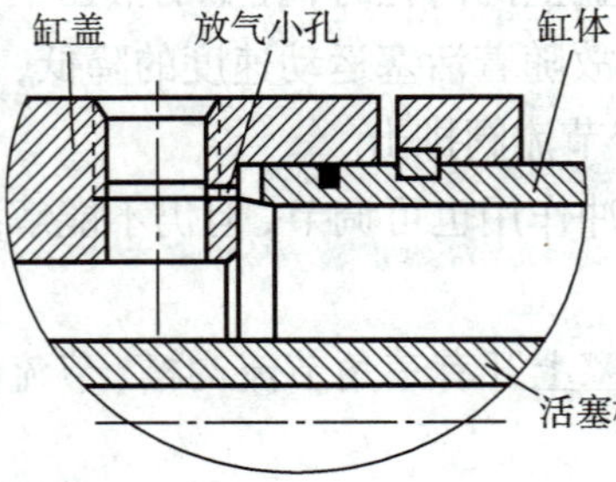

（a）缸盖上设放气孔

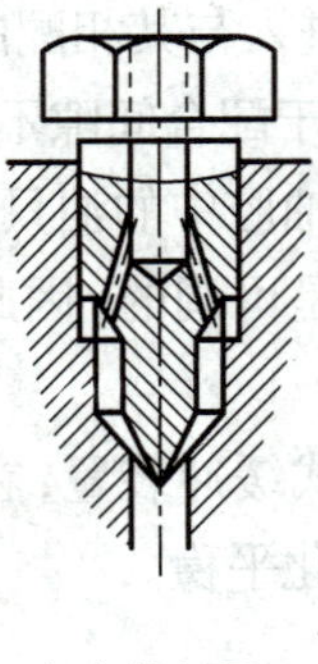

（b）排气阀

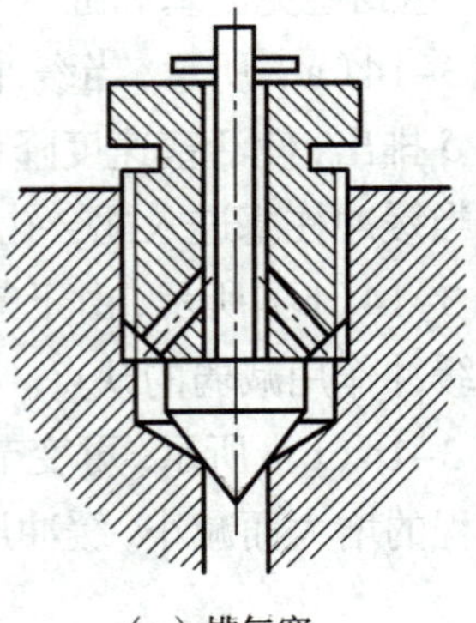

（c）排气塞

图 3–15　排气装置

综上所述，常用液压缸的类型和特点见表 3–1。

表 3–1 **常用液压缸的类型和特点**

分类	名称	符号	说明
单作用液压缸	柱塞式液压缸	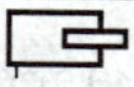	柱塞仅单向运动，返回行程是利用自重或负荷将柱塞推回
	单活塞杆液压缸	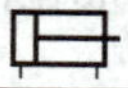	活塞仅单向运动，返回行程是利用自重或负荷将活塞推回
	双活塞杆液压缸	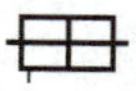	活塞的两侧都装有活塞杆，只能向活塞一侧供给压力油，返回行程通常利用弹簧力、重力和外力
	伸缩液压缸		它以短缸获得长行程。用液压油由大到小逐节推出，靠外力由小到大逐节缩回
双作用液压缸	单活塞杆液压缸	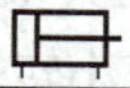	单边有杆，两向液压驱动，两向推力和速度不等
	双活塞杆液压缸		双向有杆，双向液压驱动，可实现等速往复运动
	伸缩液压缸		双向液压驱动，伸出由大到小逐步推出，由小到大逐节缩回
组合液压缸	弹簧复位液压缸		单向液压驱动，由弹簧力复位
	串联液压缸	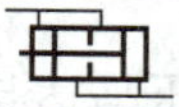	用于缸的直径受限制，而长度不受限制处，获得大的推力
	增压缸（增压器）	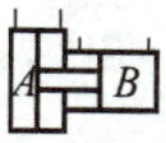	由低压力室 A 缸驱动，使 B 室获得高压油源
	齿条传动液压缸		活塞往复运动经装在一起的齿条驱动齿轮获得往复回转运动
摆动液压缸		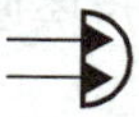	输出轴直接输出扭矩，其往复回转的角度小于 360°，也称摆动马达

任务二 液压马达

【教学目标】

1. 掌握液压马达与液压泵的不同点。
2. 掌握液压马达的工作原理。
3. 掌握液压马达的职能符号。

【相关知识】

一、液压泵与液压马达在结构上的差异

液压马达是使负载作连续旋转的执行元件，其内部构造与液压泵类似，差别仅在于液压泵的旋转是由电机所带动，输出的是液压油，将机械能转换为液压能；液压马达则是输入液压油，输出的是转矩和转速，即将液体压力能转换为机械能。因此，液压马达和液压泵在细部结构上存在一定的差别。

1. 液压泵的吸油腔一般为真空，通常把进口做得比出口大；而液压马达的排油腔压力

稍高于大气压力，进、出口尺寸相同。

2. 液压泵在结构上须保证具有自吸能力，而液压马达则无此要求。

3. 液压马达需要正、反转，在内部结构上应具有对称性；而液压泵一般为单向旋转，其内部结构可以不对称。

4. 应保证液压马达的轴承结构形式及润滑方式能在很宽的速度范围内都能正常工作；而液压泵转速高且变化小，无此要求。

5. 液压马达应有较大的启动扭矩。

二、液压马达的特点及分类

1. 高速液压马达的特点

转速高、转动惯量小，便于启动和制动，调速和换向灵敏度高。通常高速液压马达输出转矩不大（仅几十 N·m 到几百 N·m），所以又称为高速小转矩马达。

高速液压马达的基本形式有齿轮式、螺杆式、叶片式和轴向柱塞式等。

2. 低速液压马达的特点

排量大、体积大、转速低（可达每分钟几转甚至零点几转）、输出转矩大（可达几千 N·m 到几万 N·m），所以又称为低速大转矩液压马达。

低速液压马达的基本形式是径向柱塞式。由于液压马达与液压泵具有上述不同的特点，使得很多类型的液压马达和液压泵不能互逆使用。

3. 液压马达的分类

液压马达按额定转速不同可分为高速和低速两大类。

额定转速高于 500 r/min 的属于高速液压马达，额定转速低于 500 r/min 的属于低速液压马达。

液压马达也可按其结构类型分为齿轮式、叶片式、柱塞式和其他式。

三、叶片式液压马达

图 3–16 所示为叶片式液压马达的工作原理图。

当压力为 p 的油液从进油口进入叶片 1 和 3 之间时，叶片 2、6 因两面均受液压油的作用所以不产生转矩。叶片 1、3 上，一面作用有压力油，另一面为低压油。由于叶片 3 伸出的面积大于叶片 1 伸出的面积，因此作用于叶片 3 上的总液压力大于作用于叶片 1 上的总液压力，于是压力差使转子产生顺时针的转矩。同理，作用于叶片 7 上的总液压力大于作用于叶片 5 上的总液压力，也产生顺时针转矩。这样，液压力作用于叶片上的总的合力矩使叶片带动转子做顺时针方向旋转，将油液的压力能转变成机械能。

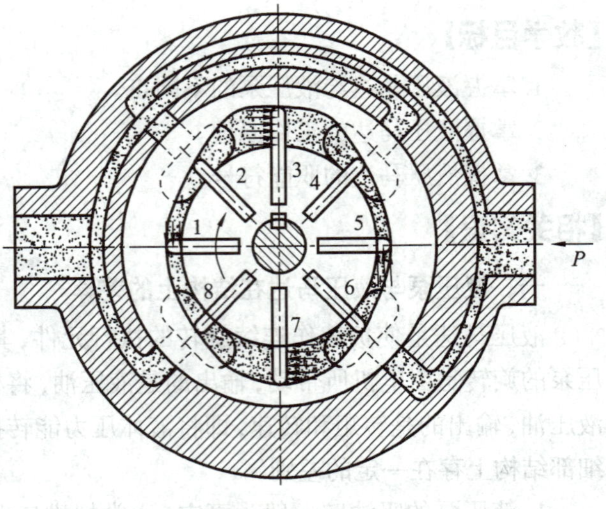

图 3–16　叶片式马达的工作原理

要想改变液压马达的转向，只需改变输油方向即可。

当定子的长短径差值越大，转子的直径越大，以及输入的压力越高时，叶片马达输出的转矩也越大。

四、轴向柱塞式液压马达

轴向柱塞式马达的结构形式基本上与轴向柱塞泵一样，故其种类与轴向柱塞泵相同，也分为直轴式轴向柱塞马达和斜轴式轴向柱塞马达两类。

轴向柱塞马达的工作原理如图 3–17 所示。

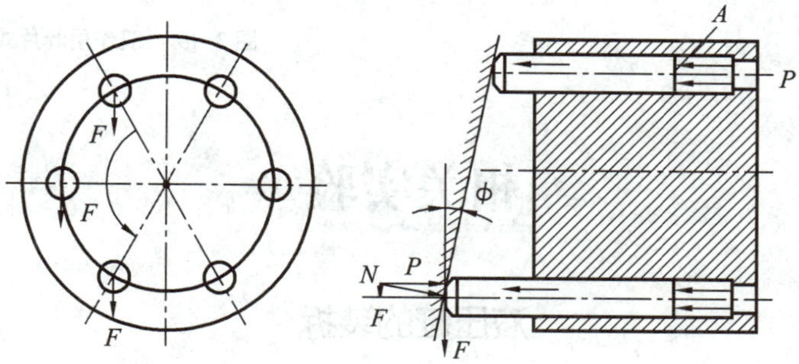

图 3–17 斜盘式轴向柱塞马达的工作原理

当压力油进入液压马达的高压腔之后，工作柱塞便受到油压作用力为 pA（p 为油压强，A 为柱塞面积），通过滑靴压向斜盘，其反作用力为 N。N 力分解成两个分力，沿柱塞轴向的分力 p 与柱塞所受液压力平衡；另一分力 F 与柱塞轴线垂直，方向向上，它与缸体中心线的距离为 r，这个力便产生驱动马达旋转的力矩。F 力的大小为

$$F = pA\tan\gamma$$

式中 γ 为斜盘的倾斜角度（°）。

F 力使缸体产生扭矩的大小，由柱塞在压油区所处的位置而定。设有一柱塞与缸体的垂直中心线成 ϕ 角，则该柱塞使缸体产生的扭矩 T 为

$$T = Fr = FR\sin\phi = pAR\tan\gamma\sin\phi$$

式中 R 为柱塞在缸体中的分布圆半径（m）。

随着角度 ϕ 的变化，柱塞产生的扭矩也跟着变化。整个液压马达能产生的总扭矩，是所有处于压力油区的柱塞产生的扭矩之和，因此，总扭矩也是脉动的，当柱塞的数目较多且为单数时，脉动较小。

五、液压马达的职能符号及应用

液压马达的职能符号如图 3–18 所示。

图 3–18 液压马达的职能符号

如图 3-19 所示，压力油经由液压泵输入，经过调速阀调速后进入液压马达，液压马达输出转矩，液压油经换向阀流回油箱。

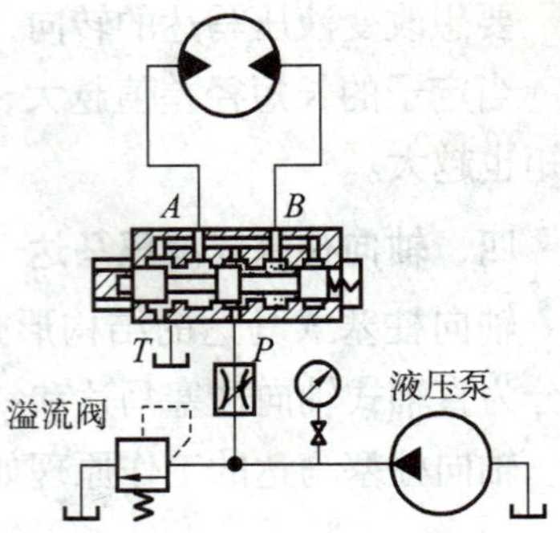

图 3-19 双作用叶片式液压马达的应用回路

相关实验

液压缸的装拆

一、实验目的

1. 了解液压缸的结构特点，熟悉各零部件的位置和作用。

2. 加深对液压缸工作原理的认识。

二、实验器材

1. 工具

轴用卡簧钳、铜棒、活扳手、平口螺丝刀。

2. 设备

行吊或吊链。

3. 教具

HSGL-63/35BE-EG 单杆双作用活塞缸。

三、实验方法

1. 液压缸的拆卸

（1）用卡簧钳取下导向套上的轴用挡圈。

（2）用铜棒轻轻敲击导向套，使之向缸体内侧移动，直到完全露出卡键。

（3）用螺丝刀辅助从缸体卡链槽中取出三只卡键。

（4）用其中设备将液压缸活塞杆耳环挂牢，打开液压缸进出油口的防污塞，提升液压缸稍离地面。

（5）用铜棒敲击缸体使之向下移动，同时不断提起液压缸，使之与地面保持一定距离。

（6）在活塞的带动下，导向套、挂环等逐渐从缸体中脱离出来，在导向套完全退出时停止提升液压缸。至此，缸体与活塞杆分离。

（7）将液压缸横向放置在地面上，单独取出活塞杆，用活扳手取下活塞紧固螺母。

（8）取出活塞外圆上的油封及支撑环。

（9）用铜棒从活塞杆上轻轻敲出活塞，取出活塞内圆上的油封。

（10）从活塞杆上取下导向套及其密封圈、支撑环、防尘圈，取出挡环。

2. 观察

要重点观察下列问题：

（1）观察导向套、活塞、缸体的相互连接关系。

（2）观察卡键的位置及其与周围零件的装配关系。

（3）观察液压缸的各密封部位。

（4）用手电照缸体内部，观察油缸的缓冲结构。

3. 装配

按下列顺序进行装配：

（1）清洗各零部件。

（2）将相应密封圈装入导向套各槽。

（3）将挂环、导向套套入活塞杆。

（4）将O形密封圈装入活塞内侧密封槽内，将活塞装上活塞杆，并用螺母紧固。

（5）将各支承环、密封圈装入活塞外圆各自相应槽内。

（6）用铜棒将活塞及活塞杆敲入缸体，注意各油封不得被缸体上的卡键槽损伤。

（7）将套在活塞杆上的导向套敲入缸体，将三只卡键装入卡槽内。

（8）用吊装设备将活塞杆耳环系牢，提起缸体使之稍离地面。

（9）用铜棒向下敲击缸体，使导向套逐渐伸出缸体直至被卡键卡住。

（10）用卡簧钳将挂圈装入导向套卡簧槽内。

（11）平放液压缸，用铜棒将伸出的活塞杆敲入缸体，并用防污塞将液压缸进出油口密封。

四、注意事项

1. 在分离活塞杆与缸体时，应使缸体略微高于地面，以免活塞退出时，缸体偏斜伤人。

2. 装配活塞杆时，应特别注意不要损伤活塞上的密封圈。

3. 装入或取出活塞杆时，应保持缸进出油口与大气相通，以免内部空气形成压力妨碍拆装。如液压缸内部有油液，要缓慢拆装，并避免缸体油口对人，以防油液溅出。

五、讨论

1. 液压缸拆装完毕后，为什么要用防污塞将油缸进出油口封闭？

2. 实际测量一下所拆装的单杆活塞缸的缸径和杆径。若保持所提供的流量不变，活塞往复运行的速度比是多少？

思考练习题

一、填空

1. 液压执行元件是将液体的 ________ 转变为 ________ 的能量转换装置。它有 ________ 和 ________ 两种类型。

2. 按结构特点不同，液压缸可分为 ________、________ 和 ________ 三类。按压力作用方式可分为 ________ 和 ________ 液压缸。
3. 摆动液压缸能实现小于 ________ 度的往复摆动运动，由于它可直接输出扭矩，故又称为 ________，主要有 ________ 和 ________ 两种结构形式。
4. 双活塞杆液压缸工作台的最大运动范围是活塞有效行程的 ________ 倍，占地面积较大，常用于 ________ 设备。
5. 单活塞杆液压缸工作台最大运动范围是活塞杆的 ________。占地面积较小，常用于大中型设备。活塞两端有效面积不等，故两端推力和速度 ________。
6. 单活塞杆液压缸，如将液压缸左右两腔相互接通，并同时输入压力油时，由于无杆腔的工作面积比有杆腔工作面积大，活塞向右的推力 ________ 向左的推力，故其向右移动，液压缸的这种连接称为 ________。
7. 差动液压缸左、右两腔的油压力是相等的，但无杆腔推力大于有杆腔，故活塞杆作伸出移动，并使有杆腔油液向无杆腔流动，加快了活塞杆的 ________。
8. 柱塞缸是单作用缸，在液压力作用下，只能实现单方向运动，它的回程需借助 ________ 实现。
9. 液压缸的结构基本上可以分为缸筒和缸盖、活塞和活塞杆、密封装置、________ 和 ________ 五个部分。
10. 间隙密封是依靠运动件的 ________ 来防止泄漏。为了提高这种装置的密封能力，常在活塞的表面上制出几条细小的 ________，以增大油液通过间隙时的阻力。
11. 间隙密封只有在尺寸较小、压力较低、相对运动速度 ________ 的缸筒和活塞间使用。
12. 为了防止活塞在行程终点时和缸盖相互撞击，引起噪声、冲击，则必须设置 ________。
13. 液压缸在安装过程中或长时间停放重新工作时，液压缸里和管道系统中会渗入空气，为了防止执行元件出现 ________、噪声和发热等不正常现象，需安装 ________ 装置。
14. 液压马达是把液体的压力能转换为 ________ 的装置。
15. 当叶片式液压马达定子的长短径差值越大，转子的直径越大，以及输入的压力越高时，叶片马达输出的 ________ 也越大。
16. 轴向柱塞马达可分为 ________ 和 ________ 两类。

二、简答题

1. 双活塞杆液压缸有何工作特点？适应于什么场合？
2. 单活塞杆液压缸有何工作特点？适应于什么场合？
3. 柱塞缸有何工作特点？
4. 当机床工作行程较长时，为何采用柱塞缸？
5. 何谓液压缸的差动连接？差动连接适应于什么场合？
6. 液压泵与液压马达有何不同点？
7. 试述叶片式马达的工作原理。
8. 试述柱塞式液压马达的工作原理。
9. 试画出液压缸和液压马达的职能符号。

模块四 液压控制元件

液压控制元件包括各种液压控制阀。液压控制阀是用来控制液压系统中液体的流动方向，调节液体压力和流量，从而使各类执行元件克服外部载荷、改变运动方向和运动速度。它是直接影响液压系统工作过程和工作特性的重要元件。

1. 液压控制阀的分类

按功能可分为：方向控制阀、压力控制阀和流量控制阀。

按操纵方式不同可分为：手动控制阀、机动控制阀、电动控制阀、液动控制阀和电液动控制阀。

按连接方式不同可分为：管式连接控制阀、板式或叠加式连接控制阀和插装式连接控制阀。

按结构不同可分为：滑阀、座阀和射流管阀。

2. 对液压阀的基本要求

液压阀的质量会影响到液压系统的工作性能，因此对液压阀的基本要求有以下几点：

（1）工作可靠，动作灵敏，冲击振动小。

（2）阀口全开时压力损失小；阀口关闭时，密封性能好，内泄漏小无外泄漏。

（3）结构紧凑，安装、调整、维护使用方便，通用性好。

（4）所控制的压力或流量稳定，受外部干扰时变化量小。

3. 液压控制阀的基本结构和工作原理

液压控制阀是由阀体、阀芯、驱动阀芯在阀体内做相对运动的驱动装置组成。其工作原理是：驱动装置驱动阀芯在阀体内做相对运动实现阀口的通断与开度大小来控制液体流动的方向、压力和流量。

任务一 方向控制阀

【教学目标】

1. 了解单向阀的结构及工作原理。
2. 掌握换向阀的结构和换向原理。
3. 了解换向阀的中位机能在回路中的正确应用。

【相关知识】

方向控制阀的功用：方向控制阀是通过控制液体流动的方向来操纵执行元件的运动，如液压缸的前进、后退与停止，液压马达的正反转与停止等。

方向控制阀的类型：方向控制阀按用途不同可分为单向阀和换向阀两种，如图 4–1 所示。

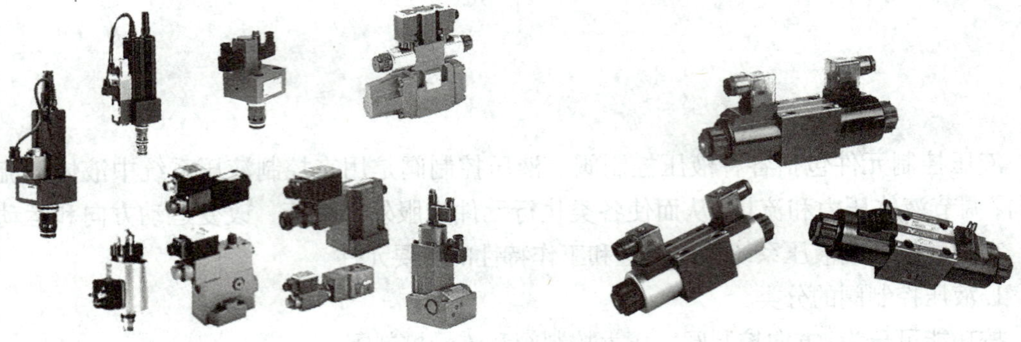

（a）单向阀　　（b）换向阀

图 4–1　单向阀和换向阀实物

方向控制阀的工作原理：通过改变阀口的通断来改变液体流动的方向，控制油路的通断和执行元件的运动。

一、普通单向阀

1. 单向阀

普通单向阀简称为单向阀，又称为逆止阀或止回阀。

（1）单向阀的功用：普通单向阀可以控制油液正向流通，反向截止。

（2）单向阀的类型：直通式、直角式、管式连接、板式连接。

（3）单向阀的结构：单向阀由阀体、阀芯、弹簧等组成。

（4）单向阀的工作原理：图 4–2 是管式普通单向阀的结构及职能符号。压力油从阀体左端的通口 P_1 流入时，克服弹簧作用在阀芯上的力，使阀芯向右移动，打开阀口，并通过阀芯上的径向孔 a、轴向孔 b 从阀体右端的通口流出。但是压力油从阀体右端的通口 P_2 流入时，它和弹簧力一起使阀芯锥面压紧在阀座上，使阀口关闭，油液无法通过。

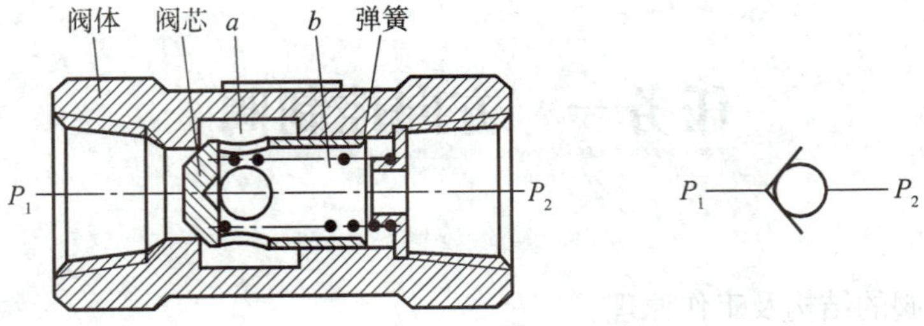

图 4–2　管式普通单向阀结构和职能符号

单向阀的开启压力：0.04~0.1 MPa

单向阀在做背压阀使用时开启压力：$P_k = 0.2\sim0.6$ MPa

2. 液控单向阀

（1）液控单向阀的功用：控制液体正向流通，反向受控流通。

（2）液控单向阀的结构：普通单向阀加上相应的液控装置。

（3）液控单向阀的工作原理：当控制口 K 处无压力油通入时，它的工作和普通单向阀一样，压力油只能从进油口 P_1 流向出油口 P_2，不能反向流动。当控制口 K 处有压力油通入时，控制活塞右侧 a 腔通泄油口，在液压力作用下活塞向右移动，推动顶杆顶开阀芯，使油口 P_1 和 P_2 接通，油液就可以从 P_2 口流向 P_1 口，如图 4–3 所示。

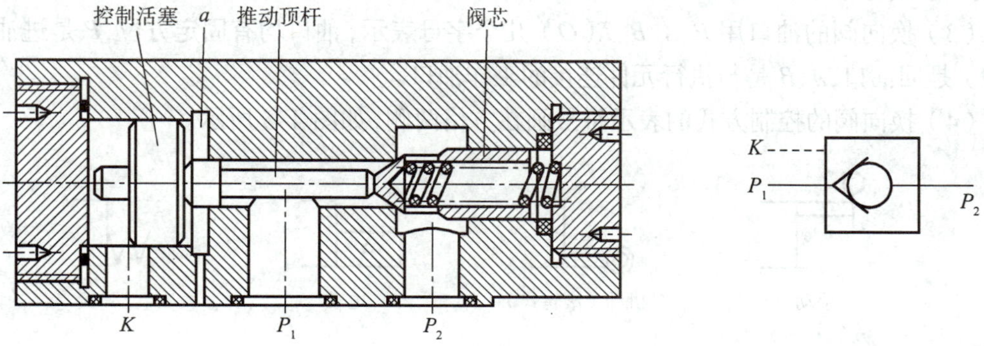

图 4–3　液控单向阀的工作原理和职能符号

二、换向阀

1. 换向阀的功用

换向阀通过改变阀芯在阀体内的位置，使阀体各油口接通或关闭，从而改变油液的流向，实现执行元件的换向或启动、停止。

2. 换向阀的类型

（1）按阀芯结构分类，换向阀可分为滑阀式和转阀式两种。

转阀结构紧凑，但阀芯受力不平衡，转动时费力（大流量时尤其如此）、密封性差，故工作压力一般较低，允许通过的流量小，一般在中低压系统中作先导阀或小流量换向阀，如推土机角铲控制阀。

（2）按操纵方式分类，换向阀可分为手动换向阀、电磁换向阀、液动换向阀、电液换向阀和机动换向阀。

（3）按工作位置数分类，换向阀可分为二位阀、三位阀和四位阀。

（4）按通油路数分类，换向阀可分为二通阀、三通阀、四通阀和五通阀。

所谓的换向阀的“位”是指阀芯相对于阀体的工作位置数。

所谓换向阀的“通”是指阀体对外连接的主要油口数（不包括控制油口和泄漏油口）。

滑阀式换向阀的构造：阀体有多级凸肩和沉割槽的圆柱孔，每个沉割槽必通一个外接油口，反之则不然；阀芯上有多段环形槽。

滑阀式换向阀的工作原理：阀芯相对阀体的位置不同，则阀体凸肩和阀芯凸肩的配合关系改变，使油口通断关系改变。而阀芯位置的改变，是通过外力实现的，有多种方式。

3. 换向阀的职能符号（图 4–4）

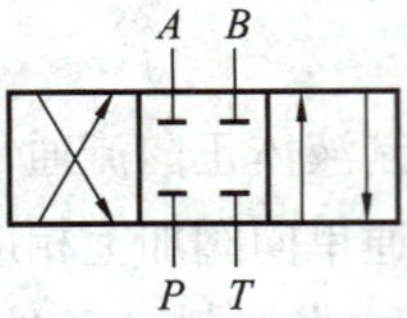

图 4–4　三位四通换向阀的职能符号

（1）图中所示的“位”用方格表示，几“位”即几个方格。

（2）图中所示的“通”用↑、↓、↖、↗、↘、↙等符号表示；不通用⊥、⊤表示。箭头首尾和堵截符号与一个方格有几个交点即为几通。

（3）换向阀的油口用 P、A、B、T（O）几个字母表示，油口均有固定方位，P 是进油口，T（O）是回油口，A、B 是与执行元件连接的工作油口。

（4）换向阀的控制方式的表示符号画在方格两侧，如图 4–5 所示。

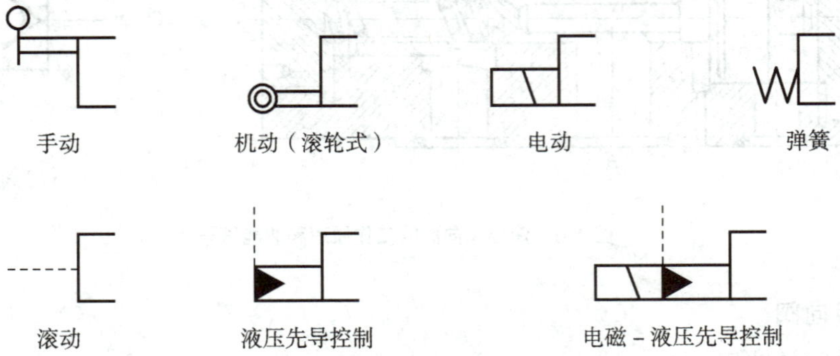

图 4–5　换向阀的控制符号

（5）常态位置：常态位置是指换向阀不被操纵时阀芯和阀体的相对位置。二位阀靠弹簧的一格为常态位置；三位阀常态位置为中间一格。原理图中，油路应该连接在常态位置。

4. 换向阀的中位机能

（1）三位换向阀处于中位时各油口的连通方式称为三位换向阀的中位机能。

三位阀的主要机能特点有四个，可以通过职能符号表示出来，机能特点与符号的对应关系如下：

系统保压：P 口堵塞　　系统卸荷：P 口通 T 口

缸锁紧：A、B 口堵塞　　缸浮动：A、B 口通油箱

（2）换向阀常用的中位机能见表 4–1。

表 4–1　**三位四通换向阀常用的中位机能**

形　式	职能符号	中位油口状况、特点及应用
O 型	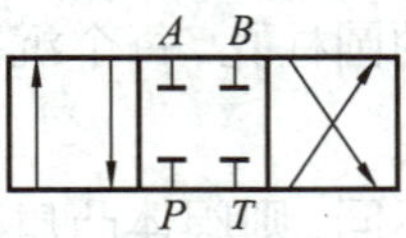	四口全封闭，液压缸闭锁，可用于多个换向阀并联工作

（续表）

形　式	职能符号	中位油口状况、特点及应用
H 型	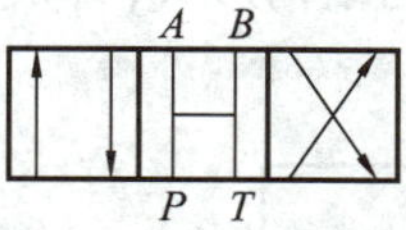	四口全通，泵卸荷，液压缸处于浮动状态，在外力作用下可移动
P 型	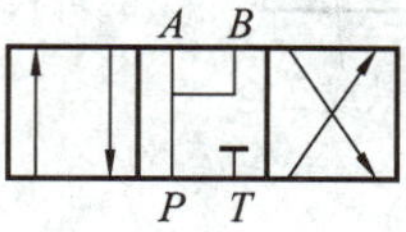	回油口封闭，泵与其余两油口相通可组成差动回路
Y 型	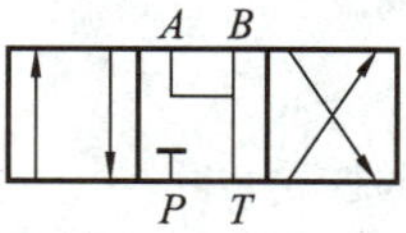	液压泵的出口封闭，其余三个油口接通，活塞浮动，可在外力作用下移动，泵不卸荷
K 型	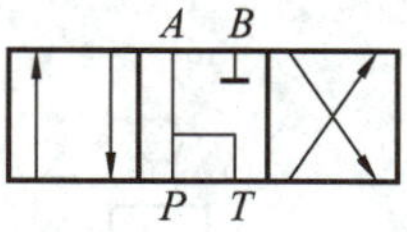	P、A、B 口相通，B 口封闭；活塞处于闭锁状态，液压泵卸荷
M 型	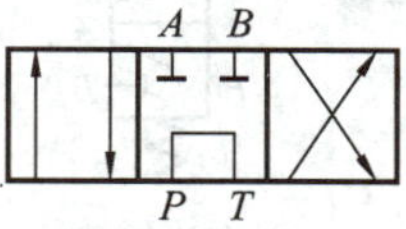	液压泵出口与回油口相通，泵卸荷，液压缸闭锁

三、换向阀的操纵方式

在液压传动系统中广泛采用的是滑阀式换向阀。换向阀的操纵方式有：手动式、机动式、电磁式、液动式、电液动式和气动式

（1）手动换向阀：手动换向阀是利用手动杠杆来改变阀芯位置实现换向的。

图 4–6 为自动复位式手动换向阀及其职能符号。放开手柄、阀芯在弹簧的作用下自动

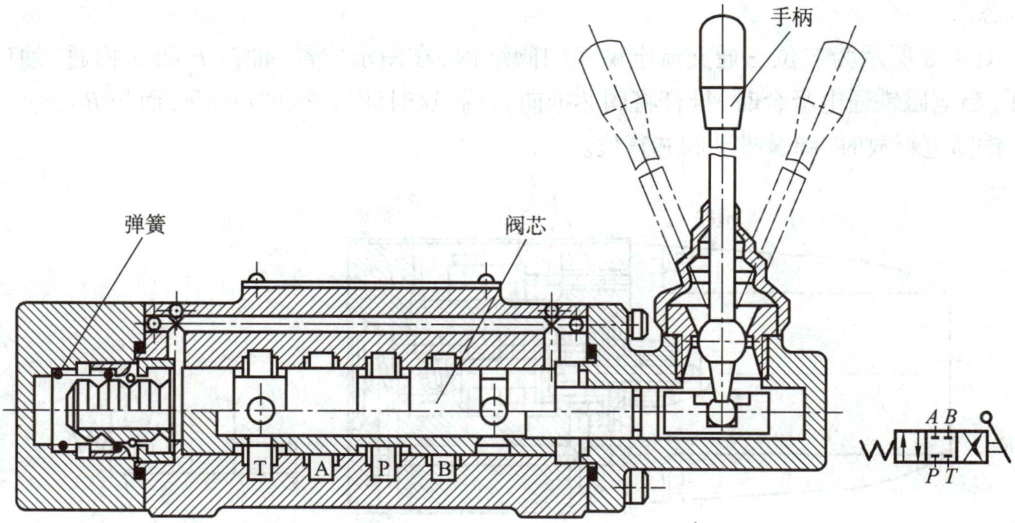

图 4–6　自动复位式手动换向阀及其职能符号

回复中位，该阀适用于动作频繁、工作持续时间短的场合，操作比较安全，常用于工程机械的液压传动系统中。

如果将该阀阀芯右端弹簧的部位改为可自动定位的结构形式，即成为可在三个位置定位的手动换向阀。

（2）机动换向阀：又称行程阀，它主要用来控制液压机械运动部件的行程，它是借助于安装在工作台上的挡铁或凸轮来迫使阀芯移动，从而控制油液的流动方向。图 4-7（a）为滚轮式二位三通常闭式机动换向阀，在图示位置阀芯被弹簧压向上端，油腔 P 和 A 通，B 口关闭。当挡铁或凸轮压住滚轮，使阀芯移动到下端时，就使油腔 P 和 A 断开，P 和 B 接通，A 口关闭。图 4-7（b）所示为其职能符号。机动换向阀通常是二位的，有二通、三通、四通和五通几种，其中二位二通机动阀又分常闭和常开两种。图 4-7（c）为常闭式二位二通机动换向阀的职能符号。

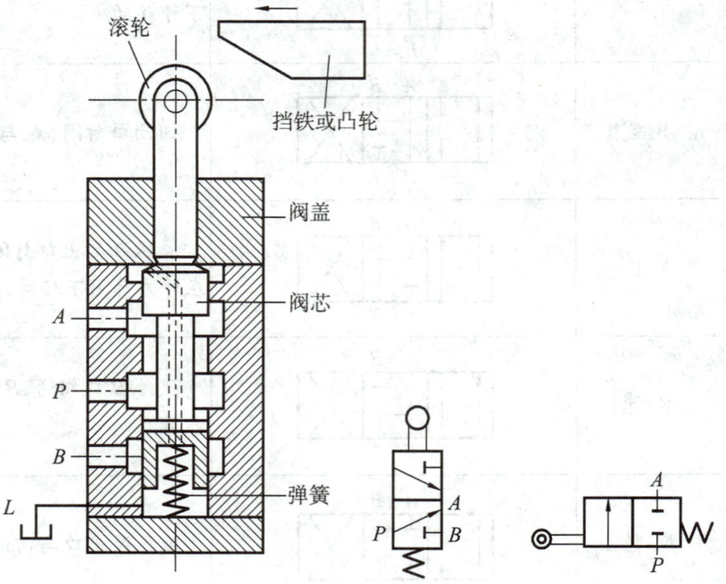

（a）结构图　（b）职能符号　（c）常闭式二位二通机动换向阀的职能符号

图 4-7 滚轮式二位三通常闭式机动换向阀

（3）电磁换向阀：电磁换向阀利用电磁铁的通、断电而直接推动阀芯来控制油口的连通状态。

图 4-8 所示为二位三通交流电磁换向阀结构，在图示位置，油口 P 和 A 相通，油口 B 断开；当电磁铁通电吸合时，推杆将阀芯推向右端，这时油口 P 和 A 断开，而与 B 相通。而当磁铁断电释放时，弹簧推动阀芯复位。

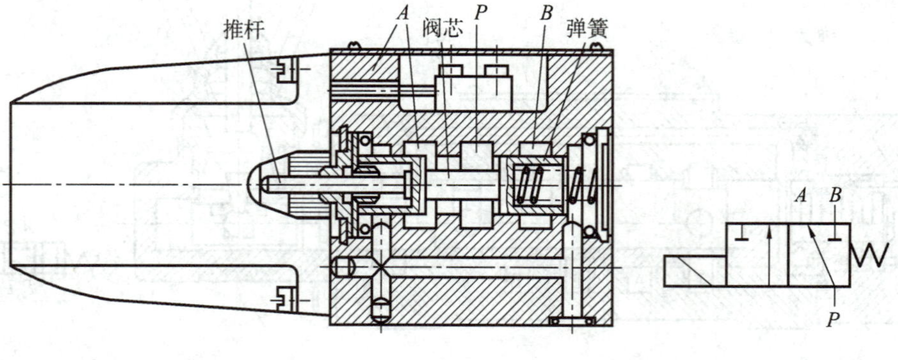

图 4-8 二位三通电磁换向阀及其职能符号

任务二　压力控制阀

【教学目标】

1. 了解各种压力控制阀的结构及工作原理。

2. 掌握各种压力控制阀在回路中的应用。

3. 掌握溢流阀与减压阀的区别。

【相关知识】

压力控制阀的功用：压力控制阀是通过阀口的通断和开度大小来控制液压系统中的压力变化，保证执行元件及回路的正常工作。

压力控制阀的类型：压力控制阀有溢流阀、减压阀、顺序阀和压力继电器等。其实物如图 4-19 所示。

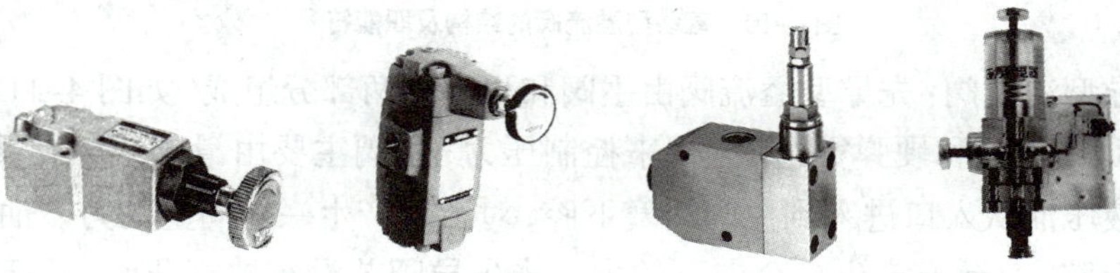

溢流阀　　减压阀　　顺序阀　　压力继电器

图 4-9　各种压力控制阀

低的液压阀称为压力控制阀，这类阀主要是利用在阀芯上的液压力和弹簧力相平衡的原理进行工作。

一、溢流阀

当液压执行元件不动时，由于从液压泵排出的液压油无处可排而成一密闭系统，理论上压力将一直增至无限大，实际上压力将增至液压元件破裂为止，此时电机为维持定转速运转，输出电流将无限增大至电机烧坏；前者使液压系统破坏，液压油四溅；后者会引起火灾；因此要绝对避免这一现象的发生，措施就是在执行元件不动时，提供一条旁路使液压油能经此路回到油箱，而这条旁路上就是使用了溢流阀。

1. 溢流阀的结构及工作原理

溢流阀按照结构的不同，分为直动型溢流阀和先导型溢流阀。

（1）直动型溢流阀：压力由弹簧设定，当油的压力超过设定值时，提动头上移，油液就从溢流口流回油箱，并使进油压力等于设定压力。调节调压螺帽改变弹簧预压缩量，便可调节溢流阀调整压力，如图 4-10 所示。

由于直动型溢流阀的开启压力为弹簧直接设定，一般当安全阀使用。

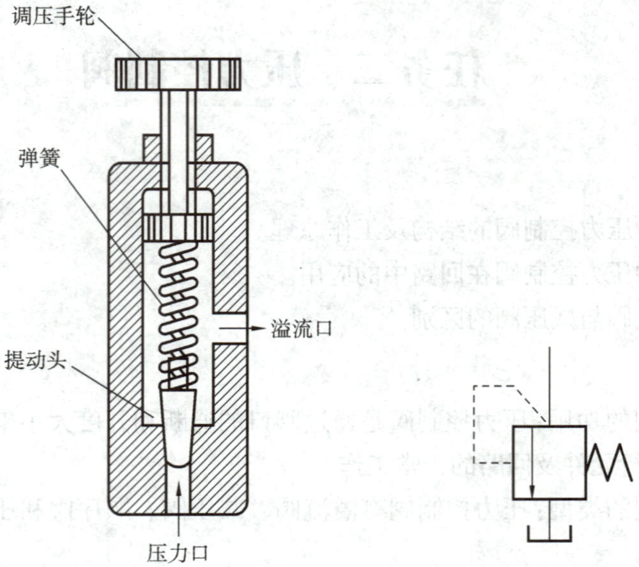

图 4-10 直动型溢流阀的结构及职能符号

（2）先导型溢流阀：先导型溢流阀由主阀和先导阀两部分组成，如图 4-11 所示。先导阀主要由直动式锥阀和硬弹簧组成，用来控制压力；主阀主要由滑阀和软弹簧组成，用来控制流量。液压油从入口进入到主阀活塞下腔，对活塞产生一个向上的力。油通过阻尼孔进入到活塞上腔，对活塞产生一个向下的力。当先导阀芯没有被打开前，活塞上下面积相同，压强也相等，因此对活塞产生的力平衡，加上主阀芯弹簧对活塞有向下的力，所以主阀关闭。溢流阀入口压力不断增大，当油压力大于先导阀芯设定的压力时，先导阀芯打开。主阀上腔的压力油通过先导阀排走，上腔压力变为 0。由于上腔压力为 0，在下腔油压力的作用下，主阀向上移动，打开阀芯，入口的压力油通过主阀芯流入排油口，降低入口油的压力。当入口油压力下降到低于先导阀设定的压力时，先导阀芯关闭，在主阀上腔重新建立

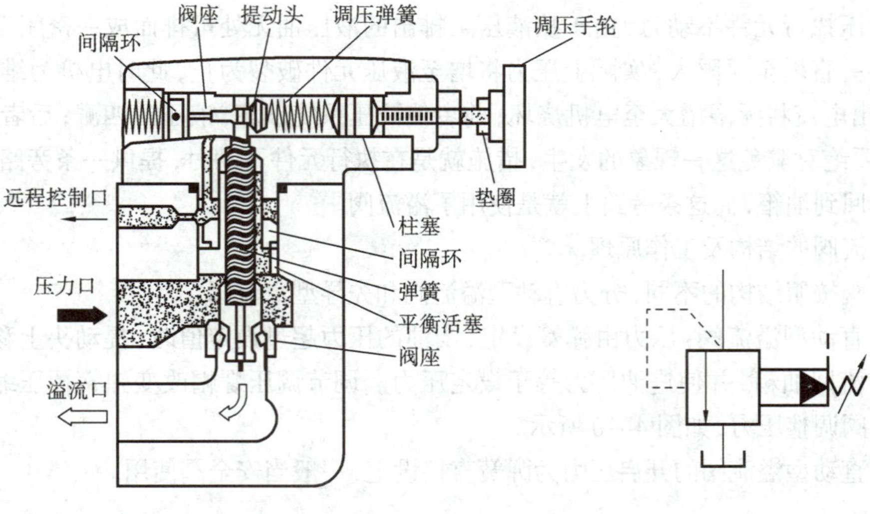

图 4-11 先导型溢流阀结构及职能符号

了压力，推动主阀芯向下移动，关闭主阀。

先导型溢流阀的主要特点是利用主阀平衡活塞上下两腔油液压力差和弹簧力相平衡。

2. 溢流阀的应用

（1）作溢流阀用：在定量泵的液压系统中，常利用流量控制阀调节进入液压缸的流量，多余的压力油可经溢流阀流回油箱，这样可使泵的工作压力保持定值，如图 4–12（a）所示。

（2）作安全阀用：在图 4–12（b）所示的液压系统中，在正常工作状态下，溢流阀是关闭的，只有在系统压力大于其调整压力时，溢流阀才被打开溢流，对系统起过载保护作用。

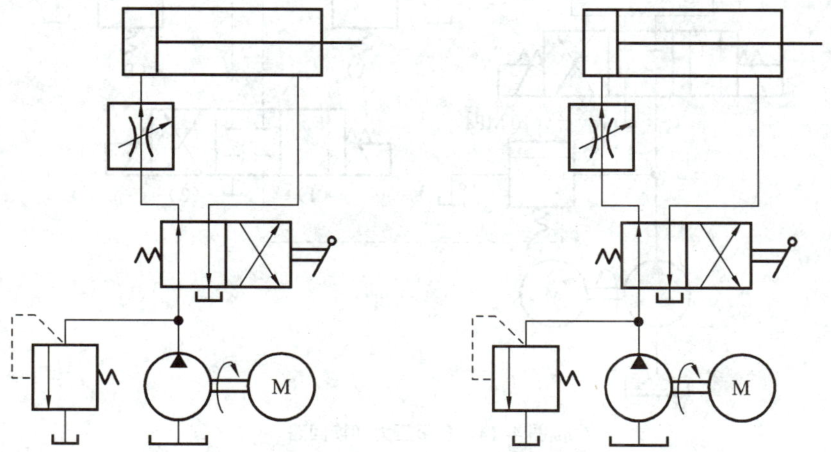

（a）溢流稳压　　（b）安全保护

图 4–12　溢流阀的作用

（3）作远程调压用：在远程压力控制回路中，溢流阀从较远距离的地方来控制泵的工作压力回路，图 4–13 所示回路的压力调定是由遥控溢流阀所控制，回路压力维持在 3 MPa。遥控溢流阀的调定压力一定要低于主溢流阀调定压力，否则等于将主溢流阀引压口堵塞。

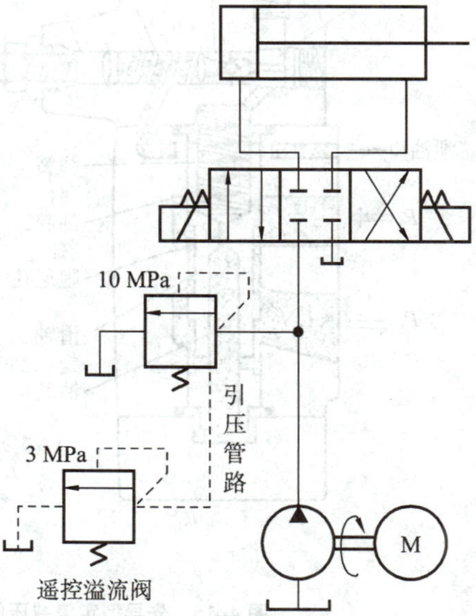

图 4–13　溢流阀在压力调定回路中的应用

（4）多级压力切换回路：利用电磁换向阀可调出三种回路压力，注意最大压力一定要在主溢流阀上设定，如图 4-14 所示。

除了以上四种作用外，溢流阀还有压力恒定、卸荷、背压和防止系统过载等作用。

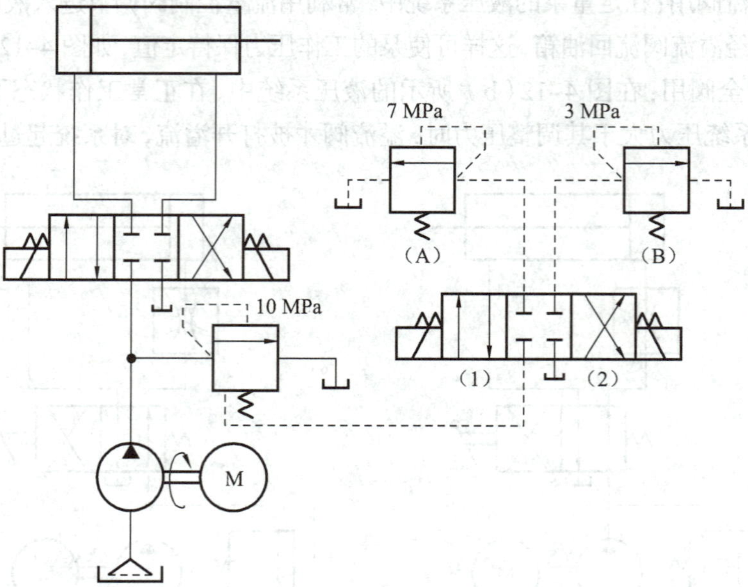

图 4-14 多级压力切换回路

二、减压阀

当回路内有两个以上液压缸，其中之一需要较低的工作压力，同时其他的液压缸仍需高压运作时，此刻就要使用减压阀提供一个比系统压力低的压力给低压缸。减压阀按照作用的不同可分为：定值减压阀、定差减压阀和定比减压阀三种。

1. 减压阀结构及工作原理

减压阀有直动型和先导型两种，直动型减压阀工作原理很简单，调整压力可看作：进油压力 + 出油压力 = 阀芯弹簧压力。

下面以先导型定值减压阀为例介绍一下减压阀的结构和工作原理。先导型减压阀由主阀和先导阀组成，如图 4-15 所示。先导阀用以调定压力，主

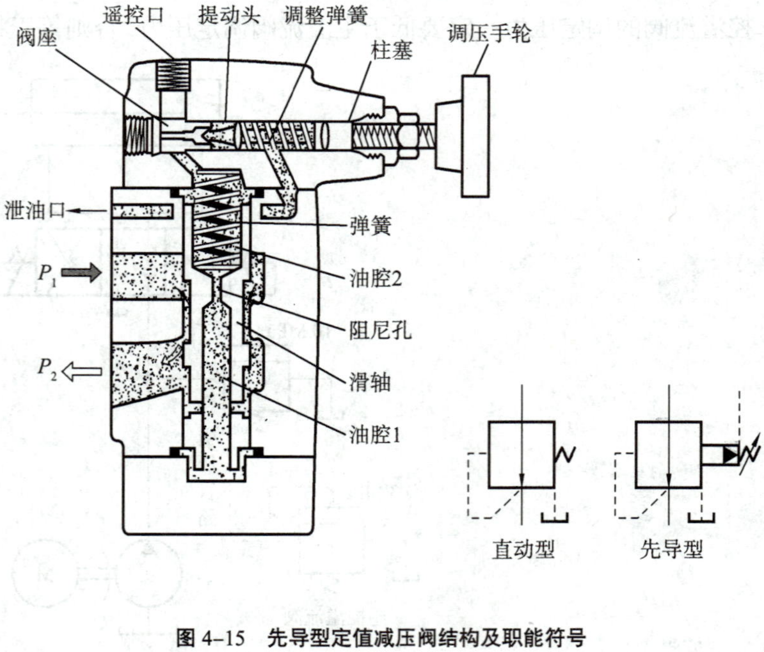

图 4-15 先导型定值减压阀结构及职能符号

阀起减压作用。当 $P_2 < P_1$ 时，先导阀关闭，主阀下移，弹簧弹力 F 最大，这时阀口全开，不减压；当 $P_2 > P_1$ 时，先导阀开启，主阀进出油口出现压差，当压差大于弹簧弹力时，主阀阀芯上移，实现减压。

2.减压阀的应用

减压阀一般用于减压回路。在图 4-16 所示的减压回路中，在使用了调整压力为 3 MPa 的减压阀后，不管回路压力有多高，A 缸压力绝不会超过 3 MPa。

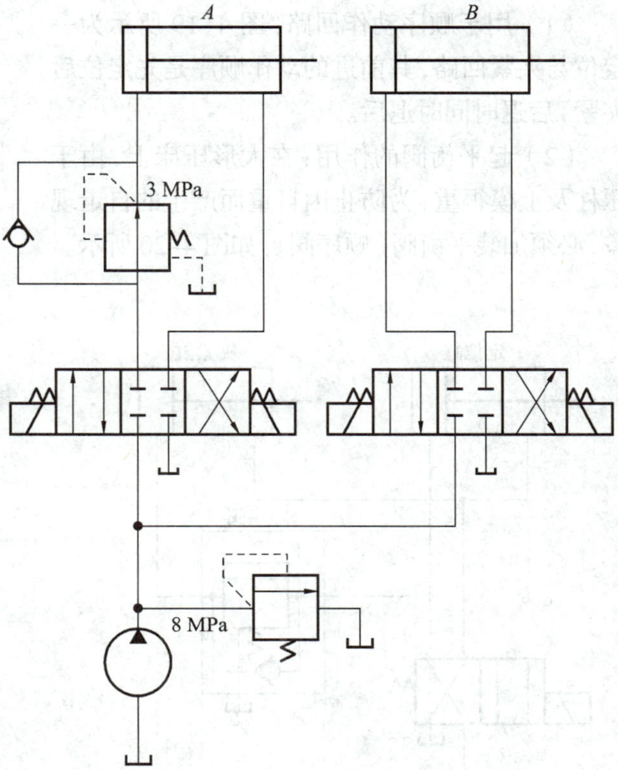

4-16 减压阀在减压回路中的应用

将减压阀和溢流阀进行比较，它们之间有以下几点不同之处：

（1）减压阀保持出口压力基本不变，而溢流阀保持进口处压力基本不变。

（2）在不工作时，减压阀进、出油口互通，而溢流阀进出油口不通。

（3）减压阀需通过泄油口单独外接油箱；而溢流阀的出油口是通油箱的，所以不必单独外接油箱。

三、顺序阀

1.顺序阀的结构及工作原理

顺序阀是使用在一个液压泵要供给两个以上液压缸依一定顺序动作的场合的一种压力阀。

顺序阀的构造及其动作原理类似溢流阀，有直动式和先导式两种，目前较常用直动式。图 4-17 所示为直动式顺序阀，当进油压力 P 小于阀芯弹簧压力 F 时，顺序阀关闭，与之连接的执行元件不能工作。当进油压力 P 大于阀芯弹簧压力 F 时，弹簧被压缩，阀芯开启，与之连接的执行元件有油液供给开始工作。

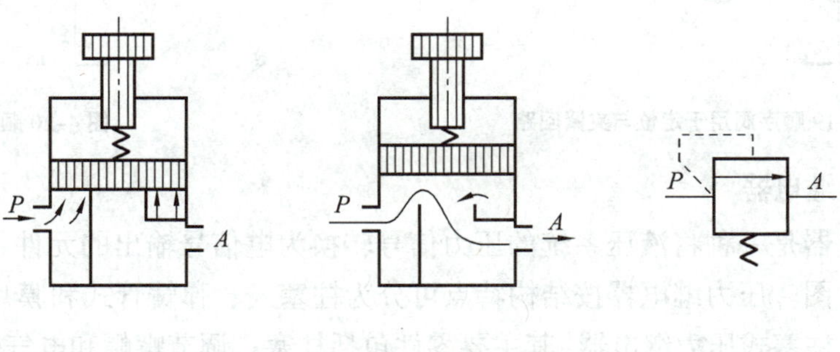

（a）进口压力小于弹簧压力 （b）进口压力大于弹簧压力 （c）职能符号

图 4-17 直动式顺序阀

顺序阀与溢流阀不同的是：顺序阀出口直接接执行元件，另外有专门的泄油口，连接方式如图 4–18 所示。

2. 顺序阀的应用

（1）用于顺序动作回路：图 4–19 所示为一定位与夹紧回路，其前进的动作顺序是先定位后夹紧，后退时同时退后。

（2）起平衡阀的作用：在大形压床上，由于压柱及上模很重，为防止因自重而产生的自走现象，必须加装平衡阀（顺序阀），如图 4–20 所示。

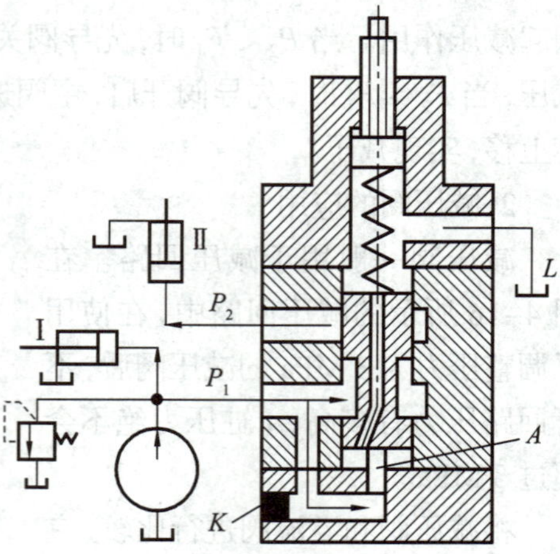

图 4–18 顺序阀的连接方式

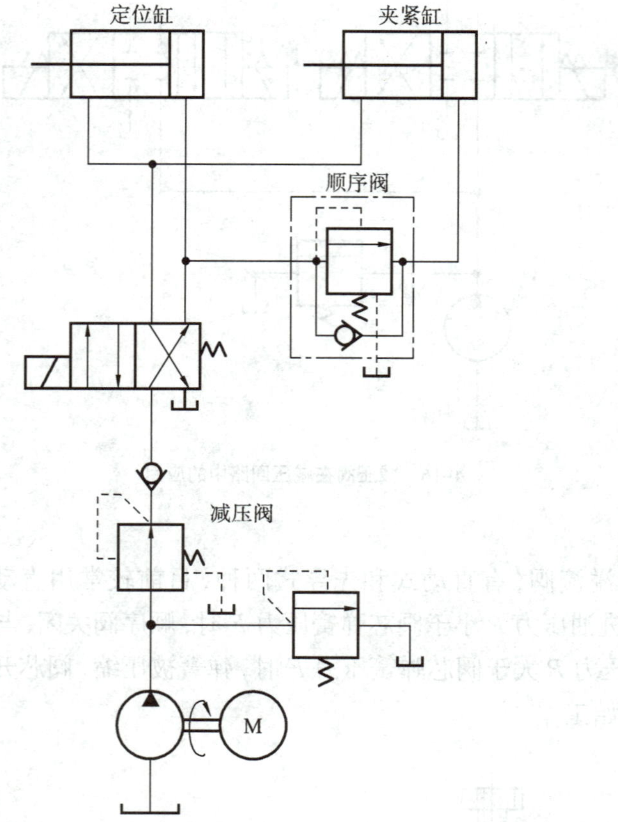

图 4–19 顺序阀用于定位与夹紧回路

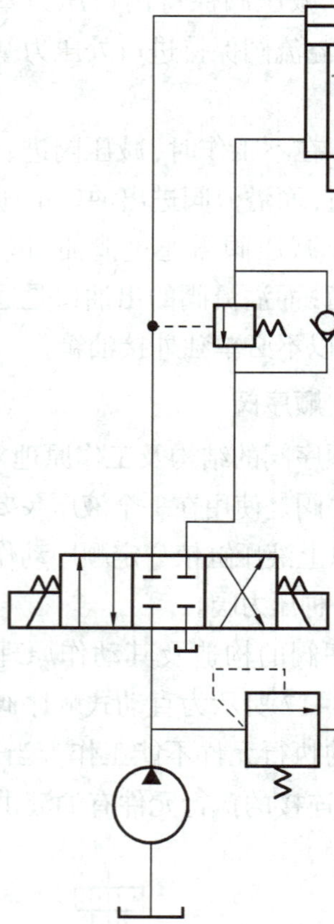

图 4–20 顺序阀平衡回路

四、压力继电器

压力继电器是一种将液压系统的压力信号转换为电信号输出的元件，图 4–21 为压力继电器的实物图。压力继电器按结构特点可分为柱塞式、弹簧管式和膜片式等。图 4–22 所示为单触点柱塞式压力继电器，其主要零件包括柱塞、调节螺帽和电气微动开关。压力油作用在柱塞的下端，液压力直接与上端弹簧力相比较，当液压力大于或等于弹簧力时，柱塞向上移，压下微动开关触头，接通或断开电气线路。当液压力小于弹簧力时，微动开关触

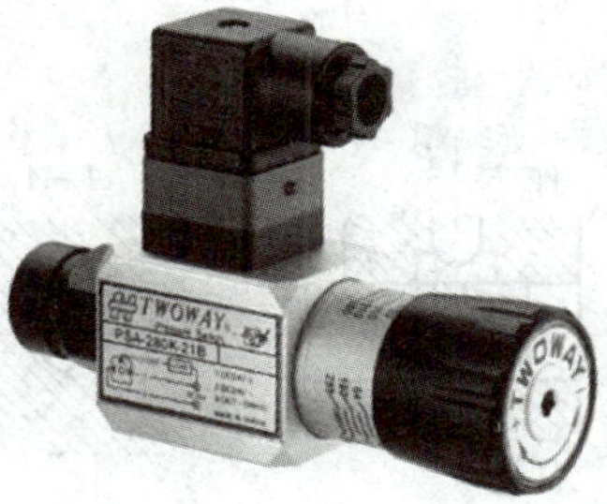

图 4-21 压力继电器实物

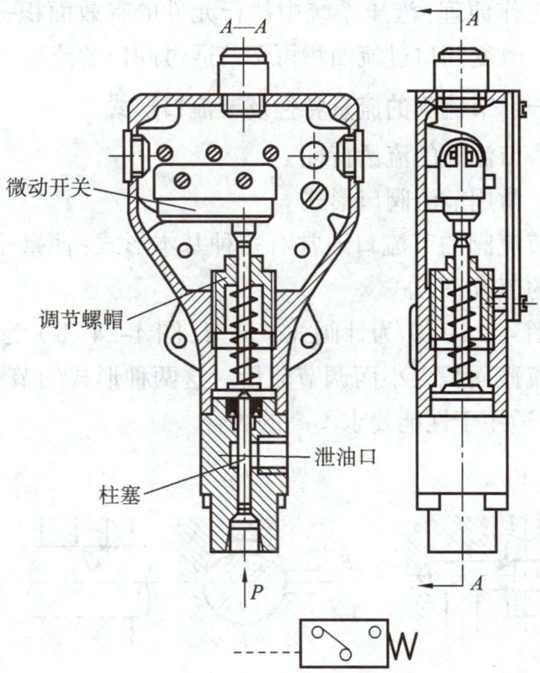

图 4-22 单触点柱塞式压力继电器及其职能符号

头复位。显然，柱塞上移将引起弹簧的压缩量增加，因此压下微动开关触头的压力（开启压力）与微动开关复位的压力（闭合压力）存在一个差值，此差值对压力继电器的正常工作是必要的，但不宜过大。

压力继电器的作用：系统超压报警和保护；系统失压报警和保护；系统工作程序的自动换接和顺序控制等作用。

任务三 流量控制阀

【教学目标】

1. 了解节流阀的结构及工作原理。
2. 掌握节流阀在回路中的正确应用。

【相关知识】

功用：调节液压系统的流量，进而控制执行元件的运动速度。

类型：节流阀、调速阀和分流集流阀，如图 4-23 所示。

（a）节流阀　（b）节流阀结构剖视　（c）调速阀

图 4-23 流量控制阀实物

工作原理：液压系统中执行元件的有效面积一定时，其运动速度将取决于执行元件的流量。改变阀口过流面积可调节通过阀口的流量，进而控制执行元件的运动速度。

一、节流阀的流量特性及节流口形式

1. 节流阀的流量特性

2. 常用节流阀口形式

节流阀的节流口通常有三种基本形式：薄壁小孔、短孔和细长小孔。图 4–24 所示为常用的节流口形式。

图 4–24（a）为针阀式节流口，图 4–24（b）为偏心式节流口，当转动阀芯时，就可以调节通流截面积大小而调节流量。这两种形式的节流口结构简单，但节流口易堵塞，流量不稳定，适用于性能要求不高的场合。

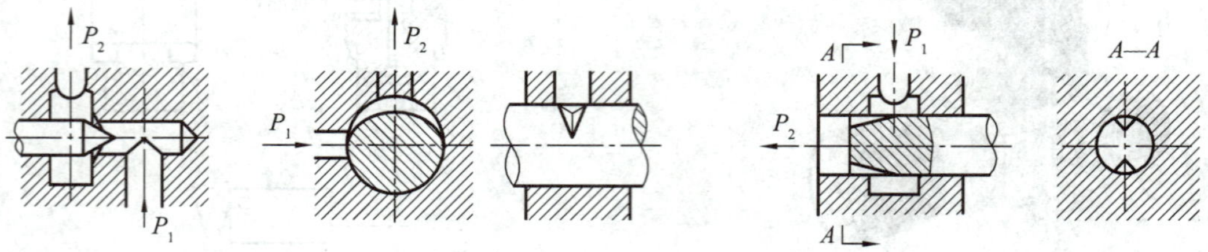

（a）针阀式节流口　（b）偏心式节流口　（c）轴向三角槽式节流口

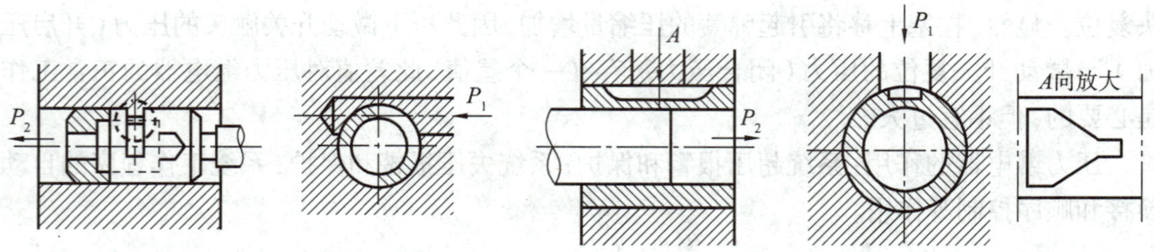

（d）周向缝隙式节流口　（e）轴向缝隙式节流口

图 4–24　常用的节流口形式

图 4–24（c）为轴向三角槽式节流口，工艺性好，结构简单，调节范围大，可得到较小的稳定流量，但油温变化对流量有一定影响，广泛应用于各种流量阀中。图 4–24（d）为周向缝隙式节流口，图 4–24（e）为轴向缝隙式节流口。这两种节流口性能较好，尤其是轴向缝隙式节流口，其节流通道厚度可薄到 0.07~0.09 mm，可以得到较小的稳定流量。

3. 对流量造成影响的因素分析

（1）压差对流量的影响：通过薄壁小孔的流量受压差变化的影响最小。

（2）温度对流量的影响：油温变化时，薄壁小孔的流量基本不变。

（3）孔口形状对流量的影响：由于油液中的杂质、油液氧化后吸出的胶质等附在节流口而局部堵塞，使流量发生变化，当阀口开度较小时，这种影响更为突出。

（4）节流口的堵塞：当节流口的通流断面面积很小时，在其他因素不变的情况下，通过节流口的流量不稳定（周期性脉动），甚至出现断流的现象，称为堵塞。

由于上述因素的影响，使用节流阀调节执行元件运动速度，其速度将随压差和温度的变化而波动。在速度稳定性要求高的场合，则要使用流量稳定性好的调速阀。为保证流量稳定、节流口的形式以薄壁小孔较为理想。

4. 对流量控制阀的基本要求

（1）较大的流量调节范围，并具有稳定的最小流量。

（2）阀前后的压力差和油温发生变化时，通过阀的流量变化要小。

（3）阀调节方便，阀口关闭时的泄漏量要小。

（4）油温变化对阀的流量影响要小。

（5）液流通过全开阀时的压力损失要小。

二、节流阀的结构及工作原理

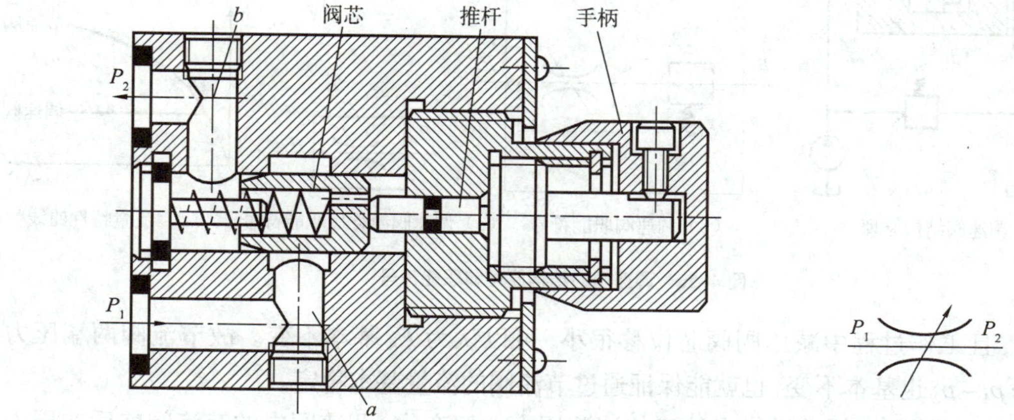

图 4–25　节流阀的结构原理及职能符号

图 4–25 所示为一种普通节流阀的结构原理和职能符号图。这种节流阀的节流通道呈轴向三角槽式。压力油从进油口 P_1 流入孔道 a 和阀芯左端的三角槽进入孔道 b，再从出油口 P_2 流出。调节手柄，即可通过推杆使阀芯做轴向移动，以改变节流口的通流截面积来调节流量。阀芯在弹簧作用下始终贴紧在推杆上。

普通节流阀不能调节因为压差和温度变化导致的流量不稳定现象，因此，普通节流阀只适用于负载和温度变化不大或速度稳定性要求较低的液压系统。

三、调速阀

1. 调速阀的功用

调速阀主要用来消除负载变化对流量稳定的影响。

2. 调速阀的结构组成

调速阀由定差减压阀与节流阀串接而成，节流阀是调节元件，用以调节调速阀的输出流量；定差减压阀是压力补偿元件，它保证了节流阀前后的压力差基本不变，保持定值。

图 4–26 所示为调速阀的结构及工作原理图和职能符号。液压泵出口（调速阀的进口）压力 p_1 由溢流阀调整基本不变，而调速阀出口压力 p_3 则由液压缸负载 F 决定。油液先经减压阀产生一次压力降，将压力由 p_1 降为 p_2，经通道 e、f 作用到减压阀的 d 腔和 c 腔；节流阀出口压力 p_1 又经反馈通道 a 作用到减压阀的上腔 b，当减压阀的阀芯在弹簧力 F_S、油液压力 p_2 和 p_3 作用下处于某一平衡位置时（忽略摩擦力和液动力等）。因弹簧刚

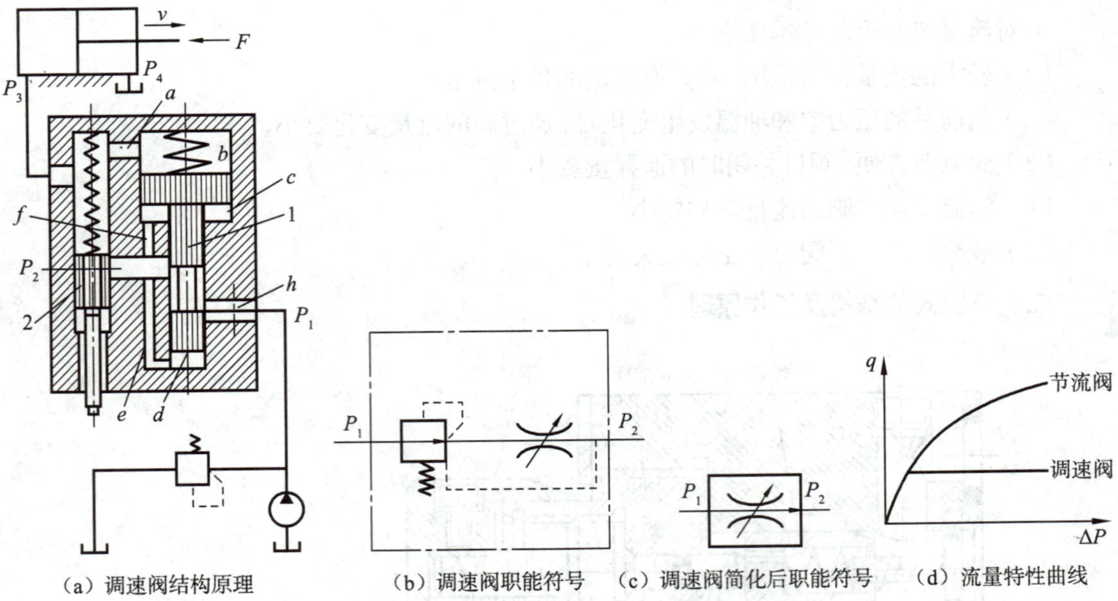

图 4–26 调速阀的结构原理和职能符号

度较低，且工作过程中减压阀阀芯位移很小，可以认为 F_S 基本不变。故节流阀两端压力差 $\Delta p = p_1 - p_2$ 也基本不变，也就能保证通过节流阀的流量基本稳定。

总之，不管调速阀的进、出油口的油液压力如何变化，调速阀内的节流阀前后的压力差 $\Delta p = p_2 - p_3$ 始终保持不变，从而保持流量的稳定。

由图 4–26d 可知，节流阀的流量随压力差变化较大，而调速阀在压力差大于一定值后，流量基本上维持恒定。当压力差很小时，由于减压阀阀芯被弹簧推至最下端，减压阀阀口全开，不起减压的作用，故此时调速阀的性能与节流阀相同，所以调速阀正常工作时，至少要求有 0.4~0.5 MPa 以上的压力差。

任务四 新型液压元件

【教学目标】

1. 了解各种新型阀的分类、组成、特点。
2. 了解新型液压阀的功能和工作原理。

【相关知识】

一、电液比例控制阀

电液比例控制阀是一种按输入的电气信号，连续地、按比例地对工作液压油的压力、方向和流量进行控制的液压控制阀。

电液比例控制阀的分类：按结构分成结构简单精度低的电液伺服阀、比例电磁铁与普通液压阀组成的比例控制阀；按控制参数可分成比例压力阀、比例流量阀和比例方向阀。

电液比例控制阀的特点：既具有结构简单，通用性强的特点，又具有伺服阀能远程、连续操纵的优点，故而又称“廉价伺服阀”。

1. 电液比例压力阀

电液比例压力阀按用途不同，可分为比例溢流阀、比例减压阀和比例顺序阀。

比例溢流阀主要由比例电磁铁与直动式溢流阀主体组成。

比例溢流阀的工作原理及职能符号如图 4-27 所示。输入电流 I，产生一定的电磁力，作用于阀芯上，得到一个控制压力，如果电流 I 产生变化，则压力 p 也发生变化。

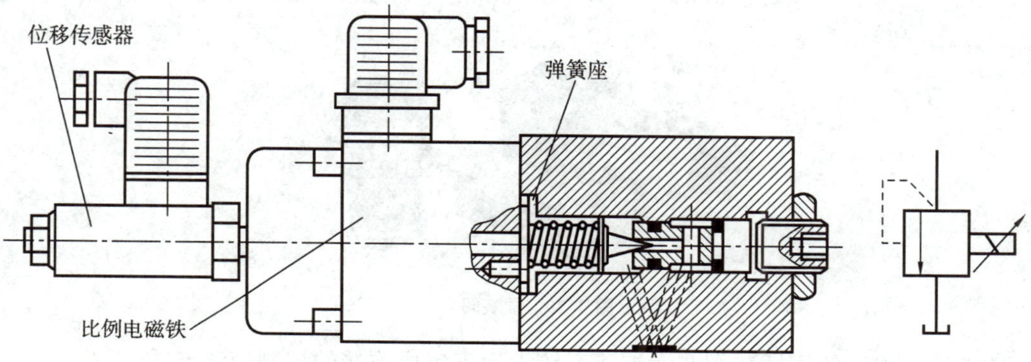

图 4-27　电液比例溢流阀工作原理及职能符号

比例溢流阀的特点：

（1）比例电磁铁与其他压力阀组合，可简单组成比例溢流阀、比例顺序阀和比例减压阀。

（2）用一个比例阀可实现多级压力控制，简化油路，如三级调压回路。

2. 电液比例换向阀

电液比例换向阀的组成：用比例电磁铁替代普通电磁换向阀中的普通电磁铁即可组成电液比例换向阀。

电液比例换向阀的工作原理及职能符号如图 4-28 所示。电液比例换向阀由位移传感器、比例电磁铁、阀体、阀芯等组成。输入一电流 I，得到一个运动方向，并且还可改变输出流量的大小；改变电流信号极性，即可改变运动方向。

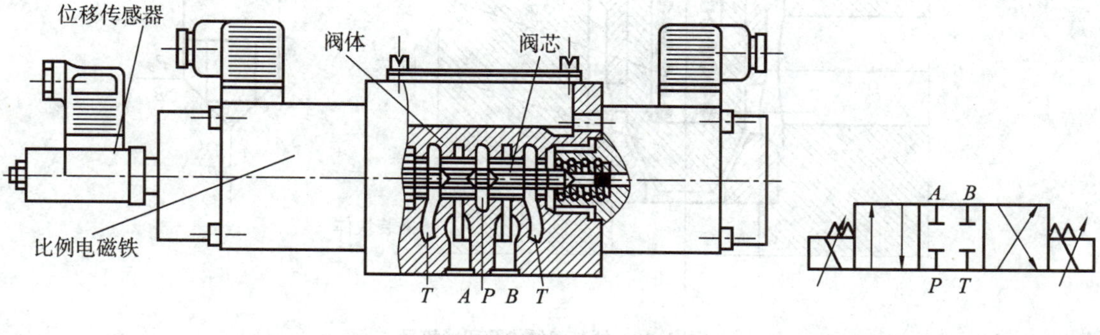

图 4-28　电液比例换向阀工作原理及职能符号

电液比例换向阀的特点：

（1）换向阀阀芯上开有三角槽；

（2）阀芯运动时，其通流面积变化，故液流方向变化时，流量也会变化；

（3）在大流量情况下，应采用先导式比例方向阀。也可做成比例多路阀。

二、插装阀

插装阀又称插装式锥阀或逻辑阀，其实物如图 3-29 所示。插装阀是近些年发展起来的一种新元件，它结构简单，标准化、通用化、模块化程度高，具有通流能力大、密封性能好、阀芯动作灵敏和抗堵塞能力强等特点，在高压、大流量液压系统中应用很广。

图 4-29 插装阀

插装阀的功能：使用插装阀在大流量系统中便于集成连接的控制液流参数。

插装阀的分类：插装阀可分成二通插装方向阀、二通插装压力阀和二通插装流量阀。

插装阀的组成：插装阀由控制盖板、插装主阀（阀套、弹簧、阀芯及密封件组成）插装块体和先导元件（装在控制盖板上）组成。插装阀的阀芯按照形状的不同可分为锥形和圆柱形两种。插装阀结构及职能符号如图 4-30 所示。

插装阀的工作原理：控制盖板将锥阀组件封装在插装块体内，并且沟通先导阀和主阀，通过锥阀启闭对主油路通断起控制作用。实质上相当于一个液控单向阀或二位二通液动阀的作用。

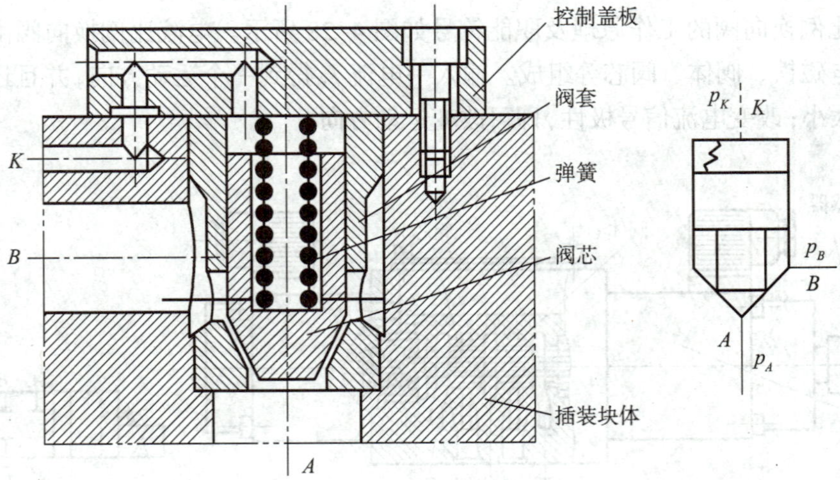

图 4-30 插装阀结构及职能符号

插装阀及系统特点：

（1）主阀结构简单，通流能力大。

（2）主阀相同，一阀多能，便于标准化、集成化和微型化。

（3）密封性好，泄漏小，便于无管连接，先导阀功率小，具有明显的节能效果。

插装阀的应用：插装阀一般用于冶金、船舶和塑料机械等大流量系统中。图 4-31 为插装阀构成的液压回路外观图。

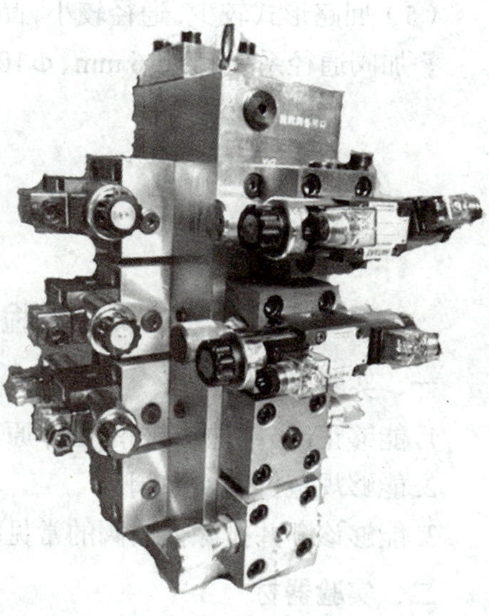

图 4-31　插装阀构成的液压回路外观

三、叠加式液压阀

叠加式液压阀简称叠加阀，具有板式液压阀的工作功能，其阀体本身又同时具有通道体的作用，从而能用其上、下安装面呈叠加式无管连接，组成集成化液压系统，如图 4-32 所示。

同一通径系列的叠加阀可按需要组合叠加起来组成不同的系统。

图 4-32　叠加阀

通常用于控制同一个执行件的各个叠加阀，与板式换向阀及底板纵向叠加成一叠，组成一个子系统。其换向阀（不属于叠加阀）安装在最上面，与执行件连接的底板块放在最下面。控制液流压力、流量，或单向流动的叠加阀安装在换向阀与底板块之间，其顺序应按子系统动作要求安排。由不同执行件构成的各子系统之间可以通过底板块横向叠加成为一个完整的液压系统。

叠加阀的特点：

（1）标准化、通用化、集成化程度高，设计、加工、装配周期短。

（2）用叠加阀组成的液压系统结构紧凑，体积小，重量轻，外形整齐美观。

（3）叠加阀可集中配置在液压站上，也可分散安装在设备上，配置形式灵活。系统变化时，元件重新组合叠装方便、迅速。

（4）因不用油管连接，压力损失小，漏油少，振动小，噪声小，动作平稳，使用安全可靠，维修容易。

（5）回路形式较少，通径较小，品种规格尚不能满足较复杂和大功率液压系统的需要。

叠加阀通径系列有：ϕ6 mm、ϕ10 mm、ϕ16 mm、ϕ20 mm 和 ϕ32 mm。

相关实验

实验一　换向阀的拆装

一、实验目的

1. 能够正确分析换向阀的工作原理。
2. 能够规范拆装换向阀。
3. 能够诊断并排除换向阀的常见故障。

二、实验器材

1. 工具：扳手。
2. 设备：台钳、毛刷。
3. 教具：换向阀。

三、实验方法

1. 拆装步骤

（1）将换向阀两端的电磁铁拆下；

（2）轻轻取出弹簧、挡块及阀芯等。如果阀芯发卡，可用铜棒轻轻敲击出来，禁止猛力敲打，损坏阀芯台肩。阀芯取出后，观察阀芯与阀体内腔的构造，并记录各自台肩与沉割槽的数量。

2. 观察

指出各零件的名称，如果是三位换向阀，判断中位机能的形式。

3. 装配

按拆卸的相反顺序装配换向阀，即后拆的零件先装配，先拆的零件后装配。装配时，如有零件弄脏，应该用煤油清洗干净后方可装配。装配阀芯时，可在其台肩上涂抹液压油，以防止阀芯卡住。装配时严禁遗漏零件。将换向阀外表面擦拭干净，整理工作台。

四、注意事项

1. 零件按拆开的先后次序摆放。
2. 仔细观察各零件的结构，并做记录。
3. 拆卸过程中要轻拿轻放，防止损坏零件。
4. 阀芯、阀体装配时需涂少许液压油，以便顺利装配。

五、讨论

1. 该换向阀是几位几通的换向阀？若是三位四通换向阀，其中位机能是什么形式？其阀芯的运动主要由什么来控制？

2. 叙述该换向阀的工作原理。

实验二　溢流阀的拆装

一、实验目的

1. 能够正确分析溢流阀的工作原理。
2. 能够规范拆装溢流阀。
3. 能够诊断并排除溢流阀的常见故障。

二、实验器材

1. 工具：扳手。
2. 设备：台钳、毛刷。
3. 教具：溢流阀。

三、实验方法

1. 拆装步骤

（1）先将四个六角螺母用工具分别拧下，使阀体与阀座分离；
（2）在阀体中取出弹簧，使用工具将阀盖拧出，接着将阀芯取出；
（3）在阀座部分中，将调节螺母从阀座上拧下，接着将阀套从阀座上拧下；
（4）将小螺母从调节螺母上拧出后，顶针自动从调节螺母中脱出。

2. 观察

该溢流阀主要由阀体、阀座、阀芯、弹簧、顶针、阀套、六角螺母和调节螺母组成。

3. 装配

按拆卸的相反顺序装配，装配时，应该用煤油清洗干净零件后方可装配。装配阀芯时，可在其台肩上涂抹液压油，以防止阀芯卡住。装配时严禁遗漏零件。将换向阀外表面擦拭干净，整理工作台。

四、注意事项

1. 零件按拆开的先后次序摆放。
2. 仔细观察各零件的结构，并做记录。
3. 拆卸过程中要轻拿轻放，防止损坏零件。
4. 阀芯、阀体装配时需涂少许液压油，以便顺利装配。

五、讨论

1. 该溢流阀的驱动形式是怎么样的，是如何实现它的工作的。
2. 将该溢流阀安装在回路中时，它可起到哪些作用。

实验三　节流阀的拆装

一、实验目的

通过节流阀的拆装，熟悉节流阀的结构，加深对节流阀工作原理的理解。

二、实验器材

1. 工具：扳手。

2. 设备：台钳、毛刷。

3. 教具：节流阀

三、实验方法

1. 拆卸节流阀

先松开锁紧螺母，旋出手轮及螺钉，然后松开并旋出螺盖，倒立取出阀芯，最后取下阀芯上的O型密封圈。

2. 观察

该节流阀主要由节流手轮及螺钉、节流阀芯、锁紧螺盖、螺母、密封圈和阀体等组成。

3. 装配

用汽油将零件清洗干净，将O型圈装入节流阀芯上，将阀芯放入阀口内，装上螺盖，拧紧，将锁紧螺钉旋入节流手轮螺钉上，旋入螺盖内。装配完毕。

四、注意事项

1. 零件按拆开的先后次序摆放。

2. 仔细观察各零件的结构，并做记录。

3. 拆卸过程中要轻拿轻放，防止损坏零件。

4. 阀芯、阀体装配时需涂少许液压油，以便顺利装配。

五、讨论

1. 该节流阀节流口的结构形式是怎样的？

2. 叙述节流阀的工作原理。

思考练习题

一、填空：

1. 方向控制阀有 ________ 和 ________ 两种。

2. 单向阀的作用是 ____。

3. 液控单向阀是利用 ________ 推开阀芯使阀口开通，实现正反向流油的。

4. 换向阀按工作位置一般可分成 ________ 位阀、________ 位阀和 ________ 位阀。

5. 换向阀的中位机能是指 ____。

6. 压力控制阀有 ________、________、________ 和 ________ 四种。

7. 溢流阀的作用有 ________、________、________、________、________。

8. 减压阀可分成 ________、________。

9. 顺序阀可实现执行元件的 ________。

10. 压力继电器是通过 ________ 来打开开关的。

11. 流量控制阀有 ________ 和 ________ 两种。

12. 液压系统中当执行元件的有效面积一定时，其运动速度取决于输入执行元件的 ______。

13. 改变阀口过流面积调节流量，进而控制执行元件 ________ 的控制阀称为流量控制阀。

14. 节流阀的节流口通常有三种基本形式：________、________和 ________。
15. 节流阀流量的大小通常受 ________、________ 和 ________ 的影响。
16. 调速阀是在节流阀前串接一个 ________ 而成的组合阀。
17. 减压阀的流量要比节流阀的流量 ________。
18. 电液比例控制阀按控制参数可分成________、________、________。
19. 插装阀由哪几部分组成 ________、________、________、________。
20. 叠加阀通径系列有：________、________、________、________、________。
21. 插装阀的阀芯按照形状的不同可分为 ________ 和 ________ 两种。
22. 电液比例控制阀的特点：具有 ________ 和 ________ 的特点，又具有 ________、________。

二、选择题

1. 当三位四通换向阀处于中位时，(　　)型中位机能可实现液压缸的锁紧。
   A. O 型　　B. Y 型　　C. H 型　　D. P 型
2. 在液压系统原理图中，与三位换向阀连接的油路一般应画在换向阀符号的(　　)位置上。
   A. 左位　　B. 右位　　C. 中位　　D. 下位
3. 电液动换向阀中的电磁阀，应确保其在中位时的液动阀两端的控制油流回油箱，那么电磁阀的中位是(　　)。
   A. H 型　　B. Y 型　　C. M 型　　D. P 型
4. 下列不属于压力控制阀的液压元件是(　　)
   A. 顺序阀　　B. 压力继电器　　C. 溢流阀　　D. 节流阀
5. 在变量泵的出口处与系统并联一溢流阀，其作用是(　　)。
   A. 溢流　　B. 稳压　　C. 安全　　D. 调压。
6. 利用三位四通换向阀(　　)形式的中位机能可使液压泵卸荷。
   A. O 型　　B. M 型　　C. P 型　　D. Y 型
7. 减压阀工作时保持(　　)。
   A. 进口压力不变　　B. 出口压力不变　　C. 进、出口压力都不变　　D. 以上都不对
8. 溢流阀(　　)。
   A. 常态下阀口是常开的　　B. 阀芯随系统压力的变动而移动
   C. 进、出油口均有压力　　D. 一般连接在液压缸的回油油路上
9. 在液压系统中(　　)可作背压阀。
   A. 换向阀　　B. 减压阀　　C. 液控顺序阀　　D. 单向阀
10. 节流阀的节流口应尽量做成(　　)式。
    A. 薄壁孔　　B. 短孔　　C. 细长孔　　D. 都可以
11. 常用的电磁换向阀是控制油液的(　　)。
    A. 流量　　B. 压力　　C. 方向　　D. 流量和方向
12. 在液压系统图中，与三位阀连接的油路一般应画在换向阀的(　　)位置上。
    A. 左位　　B. 右位　　C. 中位　　D. 都可以

13. 大流量的系统中，主换向阀应采用(　　)换向阀。
A. 电磁　　B. 电液　　C. 手动　　D. 机动
14. 节流阀控制油液的(　　)。
A. 流量　　B. 方向　　C. 流量和方向　　D. 压力
15. 在液压系统中，定量泵节流调速系统中溢流阀的作用是(　　)。
A. 溢流稳压　　B. 背压　　C. 流量和方向　　D. 卸荷
16. 液压系统的最大工作压力为 10 MPa，安全阀的调定压力应为(　　)。
A. 等于 10 MPa　　B. 小于 10 MPa　　C. 大于 10 MPa
17. M 型三位四通换向阀的中位机能是(　　)。
A. 压力油口卸荷，两个工作油口锁闭　　B. 压力油口卸荷，两个工作油口卸荷
C. 所有油口都锁闭　　D. 所有油口都卸荷
18. 调速阀是组合阀，其组成是(　　)。
A. 可调节流阀与单向阀串联　　B. 定差减压阀与可调节流阀并联
C. 定差减压阀与可调节流阀串联　　D. 可调节流阀与单向阀并联
19. 定值溢流阀可保持(　　)稳定。
A. 阀前压力　　B. 阀后压力　　C. 泵前、后压差　　D. 泵出口流量
20. 调速阀是通过调节(　　)来调节执行机构的运动速度的。
A. 油泵流量　　B. 执行机构排油量　　C. 执行机构供油压力　　D. 油马达进油量

三、判断

1. 背压阀的作用是使液压缸的回油腔具有一定的压力，保证运动部件工作平稳。(　　)
2. 当将液控单向阀的出油口与油箱连接时，其即成为卸荷阀。(　　)
3. 滑阀为间隙密封，锥阀为线密封，后者不仅密封性能好而且开启时无死区。(　　)
4. 节流阀和调速阀都是用来调节流量及稳定流量的流量控制阀(　　)
5. 单向阀可以用来做背压阀。(　　)
6. 通过节流阀的流量与节流阀的通流截面积成正比，与阀两端的压力差大小无关。(　　)
7. 因电磁吸力有限，对液动力较大的大流量换向阀则应选用液动换向阀或电液换向阀。(　　)
8. 串联了定值减压阀的支路，始终能获得低于系统压力调定值的稳定的工作压力。(　　)
9. 液压系统中，顺序阀工作时阀口是关闭的。(　　)
10. 高压大流量液压系统常采用电磁换向阀实现主油路换向。(　　)
11. 液控单向阀正向导通反向截止(　　)
12. 单向阀的作用是控制油液的流动方向，接通或关闭油路。(　　)
13. 溢流阀通常接在液压泵出口处的油路上，它的进口压力即系统压力。(　　)
14. 溢流阀用在系统的限压保护和防止过载等场合，在系统正常工作时，该阀处于常闭状态。(　　)
15. 用可调节流阀进行调速时，执行元件的运动速度不受负载变化的影响。(　　)
16. 插装阀的特点是主阀不相通。(　　)

17. 同一通径系列的叠加阀按需要组合叠加起来组成不同的系统。（　　）
18. 电液比例控制阀按控制参数可分成比例压力阀、比例流量阀和比例方向阀。（　　）
19. 电液比例控制阀的特点有：换向阀阀芯上开有三角槽；用一个比例阀可实现多级压力控制，简化油路；在大流量情况下，应采用先导式比例方向阀，也可做成比例多路阀。（　　）

四、简答题

1. 简述液控单向阀的工作原理并画出其职能符号。
2. 写出三位四通换向阀的 O、H、M、Y、P 五种中位机能的机能特点。
3. 画出溢流阀、减压阀、顺序阀和压力继电器的职能符号。
4. 简述先导式溢流阀的工作原理。
5. 溢流阀和减压阀有什么不同点？
6. 简单说明图 4-33 所示机床装夹回路中的顺序阀是如何实现顺序控制的。

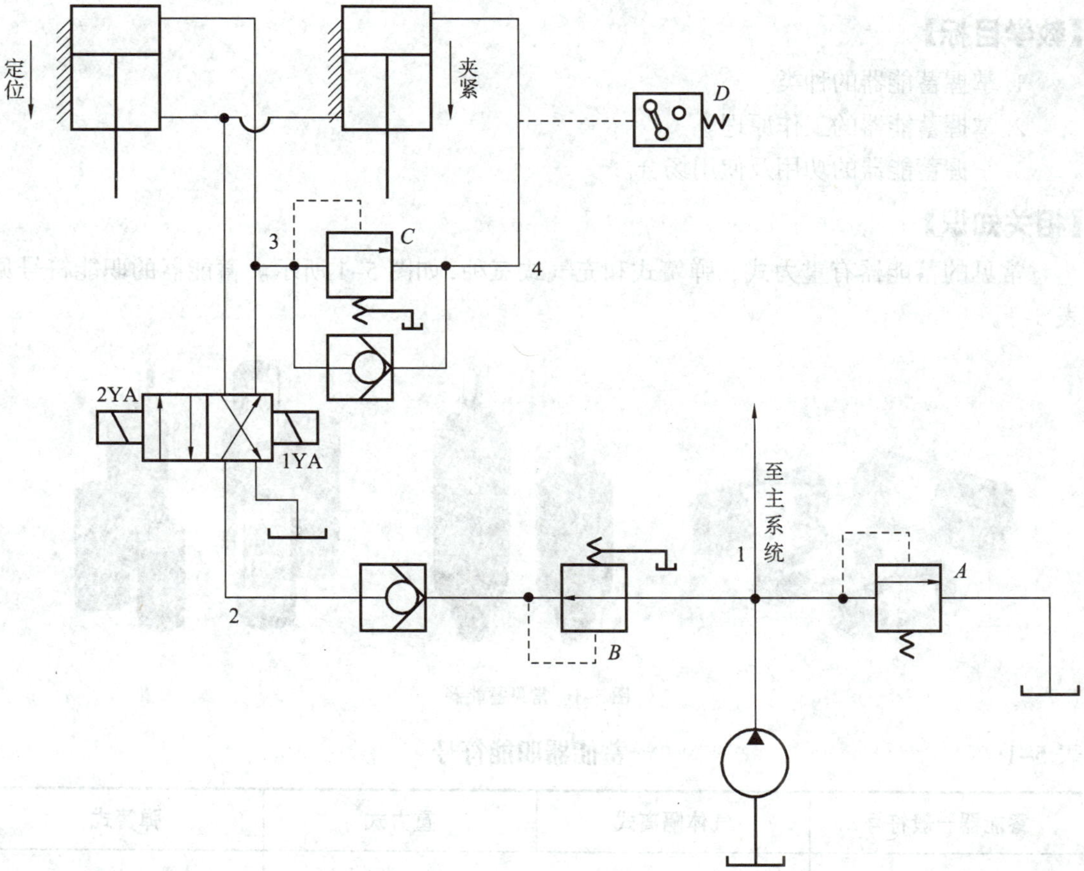

图 4-33　机床装夹回路

7. 比较节流阀和调速阀的区别，并分别画出他们的职能符号。
8. 节流阀和减压阀分别使用在什么场合？
9. 对流量控制阀的基本要求有哪些。

模块五　液压辅助元件

任务一　蓄能器

【教学目标】

1. 掌握蓄能器的种类。
2. 掌握蓄能器的工作原理。
3. 掌握蓄能器的功用及使用场合。

【相关知识】

常见的蓄能器有重力式、弹簧式和充气式三种，如图 5–1 所示。蓄能器的职能符号见表 5–1。

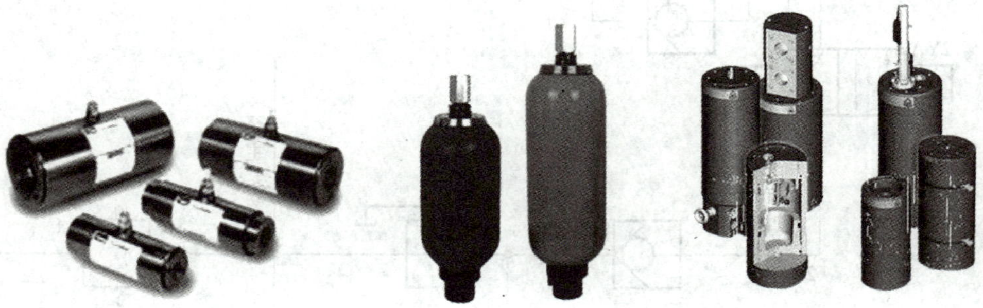

图 5–1　常见蓄能器

表 5–1　**蓄能器职能符号**

蓄能器一般符号	气体隔离式	重力式	弹簧式

一、蓄能器的工作原理

蓄能器是液压系统中的储能元件，用于储存多余的压力油液，并在需要时释放且供给系统补充流量和压力。其功用与蓄电池相似，不同点是，蓄能器向系统提供短时的压力油，而蓄电池向系统提供电流。

当系统压力油的压力超过一定数值后，便进入一个容积可变的容器（蓄能器），并暂时储存在其中。当系统压力降低至低于蓄能器的储存压力时，压力油在受压元件（压缩空气、重锤、弹簧等）的推动下，从蓄能器中释放出来，供给系统。也可用于缓冲，减小系统冲击。

蓄能器按结构形式分主要有重力式、弹簧式和充气式三种。

1. 重力式蓄能器

图 5–2 所示为重力式蓄能器，它利用重物的势能储存、释放压力能。当压力油充入蓄能器时，油液推动柱塞上升，在重物作用下以一定的压力储存起来。它结构简单，压力恒定，能提供大容量、压力高的油液，但体积大，运动惯性大，反应不灵敏，密封处易泄漏，摩擦损失大。因此，常用于大型固定设备。最高工作压力可达 45 MPa。

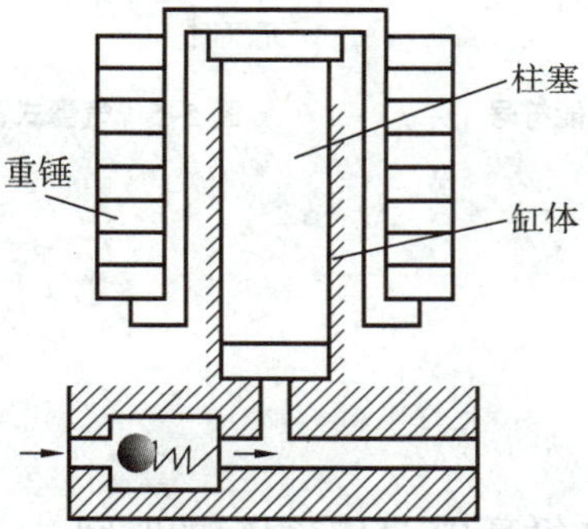

图 5–2　重力式蓄能器

2. 弹簧式蓄能器

图 5–3 所示为弹簧式蓄能器及其职能符号，它利用弹簧的压缩和伸长来储存、释放压力能，弹簧和压力油之间由活塞隔开。它结构简单，反应比较灵敏。但是容量小，有噪声，易内泄漏并有压力损失，不适合于高压和高频动作的场合，一般可用于小容量、低压（低于 12 MPa）系统，或用来缓冲。

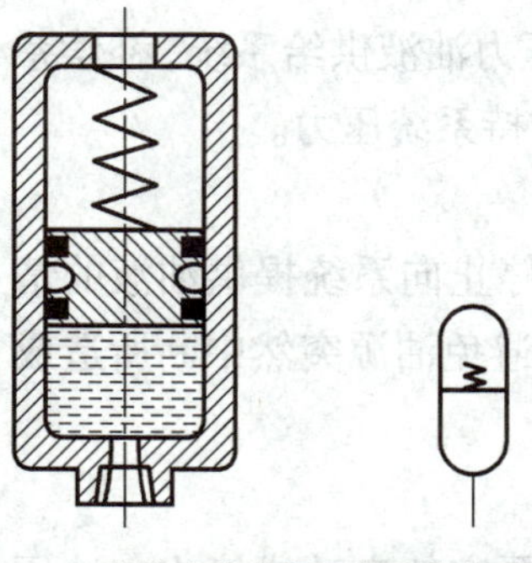

图 5–3　弹簧式蓄能器及其职能符号

3. 气囊式蓄能器

气囊式蓄能器利用压缩空气来储存能量，其结构和职能符号如图 5-4 所示。考虑安全因素，所充气体应采用惰性气体（一般为氮气）。按气囊式蓄能器的结构可分为直接接触式和隔离式两类。隔离式又分为活塞式和气囊式两种。气囊式蓄能器储存和释放能量的工作过程如图 5-5 所示。

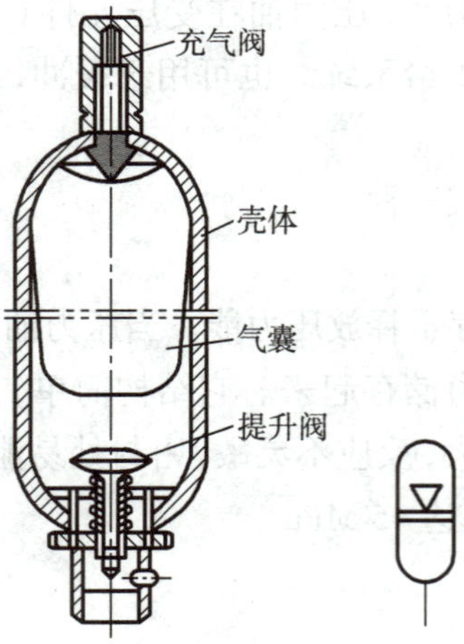

图 5-4 气囊式蓄能器结构和职能符号

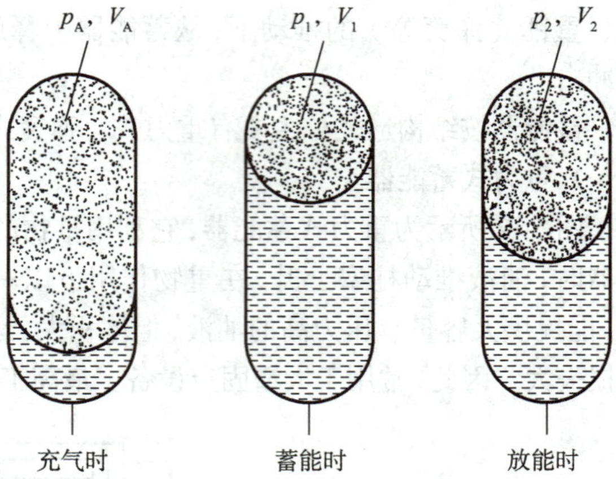

图 5-5 气囊式蓄能器储存和释放能量的工作过程

二、蓄能器的作用

储存油液的压力能。

三、蓄能器的使用场合

1. 短时大量放油

如果液压系统在一个工作循环中，只有很短的时间大量用油，便可采用蓄能器作为辅助油源。当系统不需要大量油液时，液压泵输出的多余压力油可储存在蓄能器内，到需要时再由蓄能器快速释放给系统。这样，既满足系统最大流量的要求，又使液压泵的容量减少，电机功率减小，从而节约能耗并降低温升。

2. 维持系统压力

主要用于压力机或机床夹紧装置的液压系统。在实现保压时，由蓄能器将储存的压力油液供给系统，补偿系统泄漏，使系统在一段时间内维持系统压力。

3. 应急能源

在液压泵由于停电或故障停止向系统提供油液的情况下，蓄能器可充当应急能源，避免油源突然中断所造成的机件损坏，如图 5-6 所示。

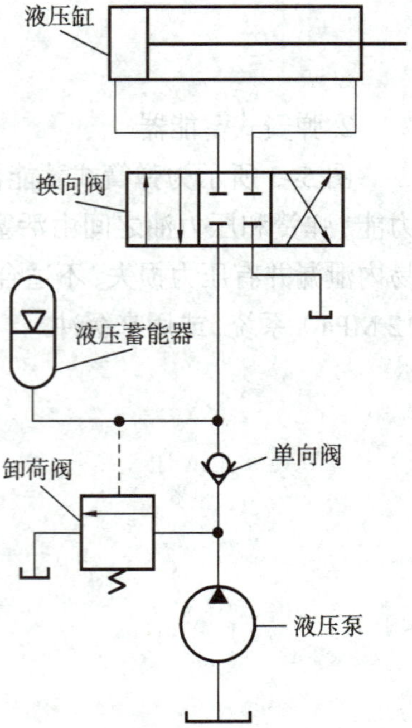

图 5-6 蓄能器做辅助动力源

4. 减小液压冲击

蓄能器能吸收系统在液压泵突然启动或停止、液压阀突然关闭或开启、液压缸突然运动或停止时所出现的液压冲击，也能吸收液压泵工作时的压力脉动，如图 5-7 所示。

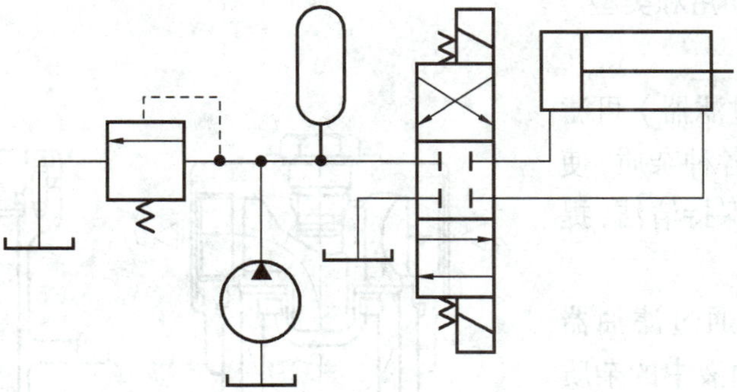

图 5-7　蓄能器做吸收冲击用

三、使用和安装注意事项

蓄能器在液压回路中的安放位置因其功用而不同：吸收液压冲击或压力脉动时宜放在冲击源或脉动源近旁；补油保压时宜放在尽可能接近有关执行元件处。

安装使用蓄能器须注意如下几点：

（1）充气式蓄能器应使用惰性气体（一般为氮气），允许工作压力视蓄能器结构形式而定，例如，皮囊式为 3.5~32 MPa。

（2）不同的蓄能器各有不同的适用工作范围，例如，皮囊式蓄能器的皮囊强度不高，不能承受很大的压力波动，且只能在 -20℃~70℃的温度范围内工作。

（3）气囊式蓄能器原则上应垂直安装（油口向下），只有在空间位置受限制时才允许倾斜或水平安装。

（4）装在管路上的蓄能器须用支板或支架固定。

（5）蓄能器与管路系统之间应安装截止阀，供充气、检修时使用。蓄能器与液压泵之间应安装单向阀，防止液压泵停车时蓄能器内储存的压力油液倒流。

任务二　滤油器

【教学目标】

1. 掌握滤油器的工作原理。
2. 掌握滤油器的种类。
3. 掌握滤油器的安装、应用场合及特点。

【相关知识】

油液中存有一定数量的杂质，这些杂质有化学反应生成物，有从外界进入的灰尘，有系统运动造成的机械磨损物及系统使用前残留的切屑、焊渣、型砂等。据统计，有 75% 以上的液压故障是由于油液的污染造成的。当杂质颗粒直径与相对运动件的间隙相近时，对零件的危害最大。因此，控制油液的污染极为重要，滤油器就是对油液进行净化的装置。

一、滤油器的功用和类型

1. 功用及原理

滤油器（又称过滤器）可滤除混在液压油中的各种杂质，使进入系统的液压油保持清洁，提高系统的可靠性。

当污染的油液通过滤油器内部的过滤层时，油液中的杂质颗粒被阻留，纯净的油液通过过滤层，如此将油液中的杂质分离出来，达到滤清油液的目的，如图 5-8 所示。

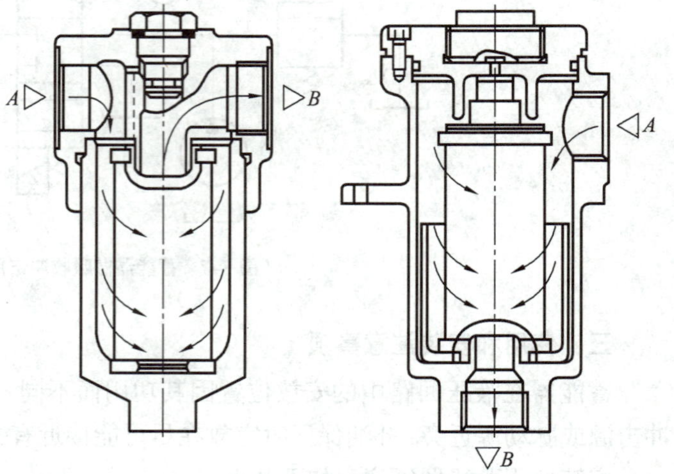

图 5-8 滤油器的结构原理

2. 类型

按滤芯材质和过滤方式不同，滤油器可分为网式、线隙式、纸芯式、烧结式和磁性滤油器。

常见的滤油器及其特点见表 5-2。

表 5-2 常见的滤油器及其特点

名 称	实物及结构简图	特点说明
网式滤油器	 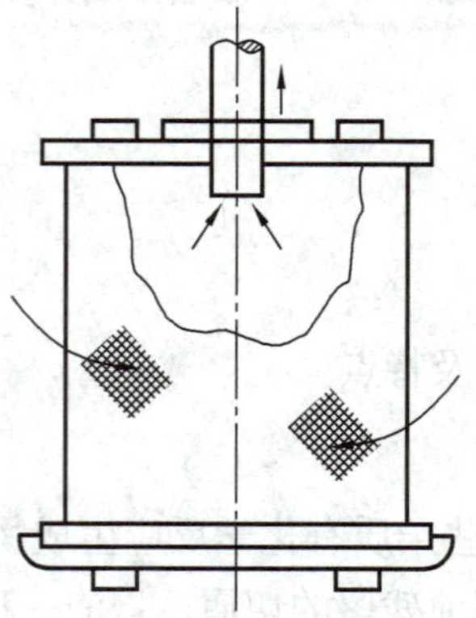	1. 过滤精度与铜丝网层数及网孔大小有关。在压力管路上常用 100 目、150 目、200 目（每英寸长度上的孔数）的铜丝网，在液压泵吸油管路上常采用 20~40 目铜丝网 2. 压力损失不超过 0.004 MPa 3. 结构简单，通流能力大，清洗方便，过滤精度低

（续表）

名　称	实物及结构简图	特点说明
线隙式滤油器	 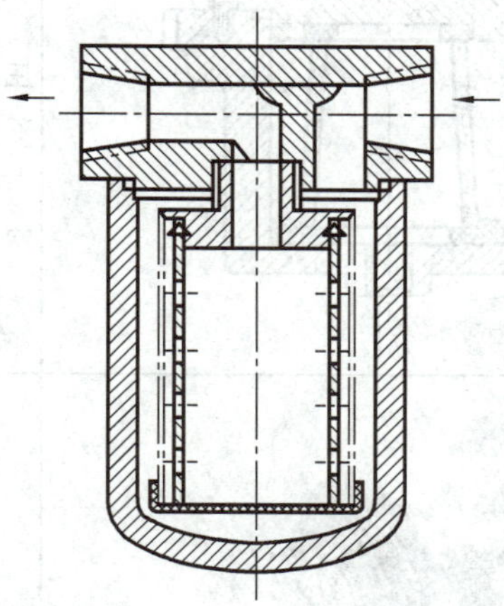	1. 滤芯为绕在芯架上的一层金属线，依靠线间的微小间隙拦阻油液中的杂质通过 2. 压力损失在 0.03~0.06 MPa 3. 结构简单，通流能力大，过滤精度高，滤芯强度低，不易清洗 4. 用于低压管道中，当用在液压泵吸油管上时，流量规格应选得比液压泵大
纸芯式滤油器	 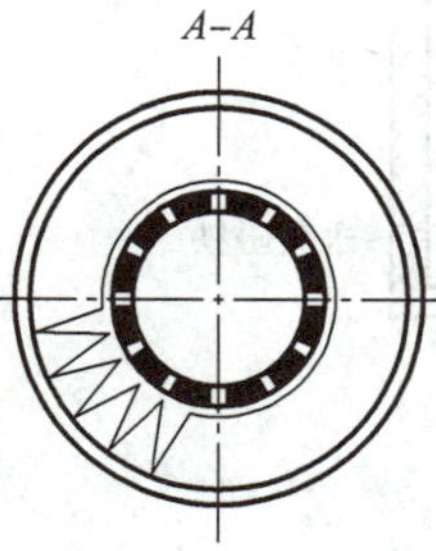 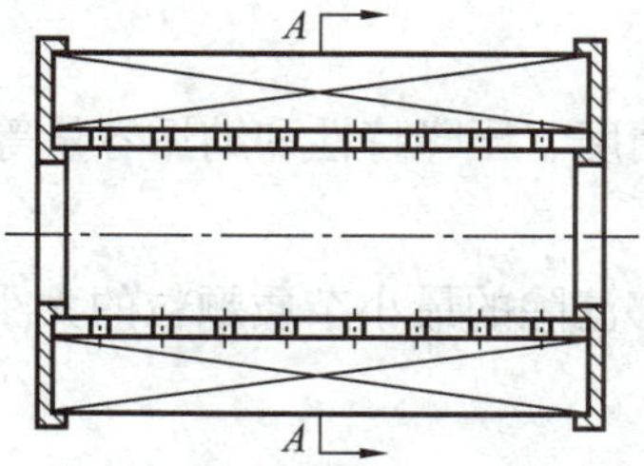	1. 结构与线隙式相同，但滤芯为平纹或波纹的酚醛树脂或木浆微孔滤纸制成的纸芯。纸芯制成折叠式，可增大过滤面积 2. 压力损失在 0.01~0.04 MPa 3. 过滤精度高，堵塞后无法清洗，需更换纸芯 4. 常用于精过滤

（续表）

名　称	实物及结构简图	特点说明
烧结式滤油器	 陶瓷滤芯 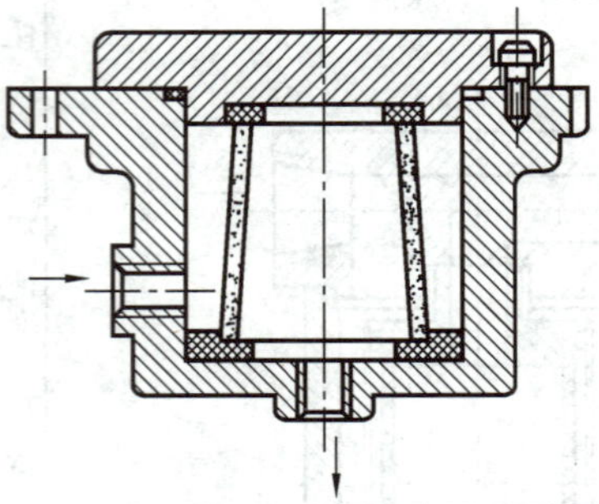	1. 滤芯由金属粉末烧结而成，利用金属颗粒间的微孔来阻挡油中杂质。改变金属粉末的颗粒大小，就可以制出不同过滤精度的滤芯 2. 压力损失在 0.03~0.2 MPa 3. 过滤精度高，滤芯可耐高压，但金属颗粒易脱落，堵塞后不易清洗 4. 适用于精过滤、高温高压的液压系统
磁性滤油器	 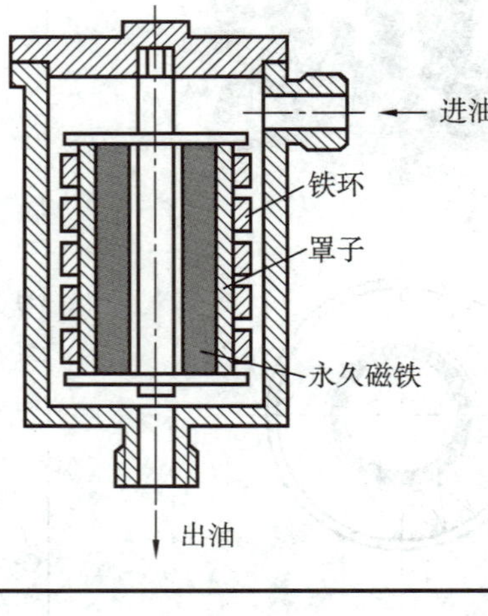	1. 滤芯由永久磁铁制成，罩子外面为铁环，当油液通过铁环间隙时，铁屑、铸铁粉末等带磁性的磨料被吸附在上面，起到过滤作用 2. 过滤具有选择性，应与其他滤芯合起来制成复合式滤油器 3. 适用于油液中磁化杂质较多的液压系统

二、滤油器的主要性能指标

滤油器的主要性能指标有过滤精度、压降特性和纳垢容量等。

1. 过滤精度

滤油器的过滤精度是指滤芯能够滤除的最小杂质颗粒的大小。以直径 d 作为公称尺寸表示，单位为微米。

滤油器一般按精度可分为四类：

粗过滤器：$d \geq 100\ \mu m$

普通过滤器：$10\ \mu m \leq d < 100\ \mu m$

精密过滤器：$5\ \mu m \leq d < 10\ \mu m$

特精过滤器：$1\ \mu m \leq d < 5\ \mu m$

各种液压系统的过滤精度见表 5-3。

表 5-3　**各种液压系统的过滤精度要求**

系统类别	润滑	传动系统			伺服系统
工作压力（MPa）	0~2.5	< 14	14~32	> 32	≤ 21
精度 d（μm）	≤ 100	25~50	≤ 25	≤ 10	≤ 5

2. 压降特性

液压回路中的滤油器能阻碍油液流动，因而油液通过滤芯时必然会出现压力降。一般来说，在滤芯尺寸和流量一定的情况下，滤芯的过滤精度越高，压力降越大；在流量一定的情况下，滤芯的有效过滤面积越大，压力降越小；油液的黏度越大，流经滤芯的压力降也越大。

滤芯所允许的最大压力降应不会使滤芯元件发生结构性破坏，其数值可通过试验或经验公式来确定。

3. 纳垢容量

纳垢容量是指滤油器在压力降达到其规定限值之前可以滤除并容纳的污染物数量，这项性能指标可以用多次通过性试验来确定。滤油器的纳垢容量越大，使用寿命越长，所以它是反映滤油器寿命的重要指标。一般来说，滤芯尺寸越大，过滤面积越大，纳垢容量就越大。增大过滤面积，使纳垢容量至少可以成比例地增加。

三、选用、安装及职能符号

1. 选用

选用滤油器时，要考虑以下几点：

（1）过滤精度应满足预定要求。

（2）能在较长时间内保持足够的通流能力。

（3）滤芯应具有足够的强度，不因液压的作用而损坏。

（4）滤芯抗腐蚀性能好，能在规定温度下持久地工作。

（5）滤芯清洗或更换简便。

因此，滤油器应根据液压系统的技术要求，按过滤精度、通流能力、工作压力、油液黏度和工作温度等条件选定其型号。

2. 安装

滤油器在液压系统中的安装位置如图 5-9 所示，通常有以下几种：

图 5-9　滤油器在液压系统中的位置

（1）安装在泵的吸油口处：泵的吸油路上一般都安装有表面型滤油器，目的是滤去较大的杂质微粒以保护液压泵，此外，滤油器的过滤能力应为泵流量的两倍以上，压力损失小于 0.02 MPa。

（2）安装在泵的出口油路上：此处安装滤油器的目的是用来滤除可能侵入阀类等元件的污染物，其过滤精度应为 10~15 μm，且能承受油路上的工作压力和冲击压力，压力降应小于 0.35 MPa，同时应安装安全阀以防滤油器堵塞。

（3）安装在系统的回油路上：这种安装起到间接过滤作用。一般与过滤器并联安装一背压阀，当过滤器堵塞达到一定压力值时，背压阀打开。

（4）安装在系统分支油路上。

（5）单独过滤系统：大型液压系统可专设一液压泵和滤油器组成的独立过滤回路。

液压系统中除了整个系统所需的滤油器外，还常常在一些重要元件（如伺服阀、精密节流阀等）的前面单独安装一个专用的精滤油器来确保它们的正常工作。

3. 滤油器的职能符号（图 5-10）

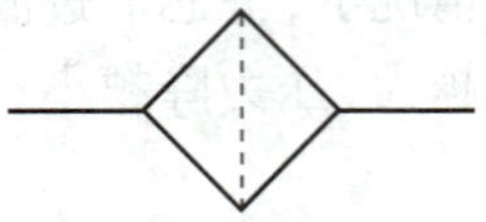

图 5-10　滤油器的职能符号

任务三　密封装置

【教学目标】

1. 掌握对密封装置的要求。
2. 掌握密封装置的类型及特点。
3. 掌握各种密封装置的使用场合。

【相关知识】

密封是解决液压系统泄漏问题最重要、最有效的手段。液压系统如果密封不良，可能出现不允许的外泄漏，外漏的油液将会污染环境；还可能使空气进入吸油腔，影响液压泵的工作性能和液压执行元件运动的平稳性（爬行）；泄漏严重时，系统容积效率过低，甚至工作压力达不到要求值。若密封过度，虽可防止泄漏，但会造成密封部分的剧烈磨损，缩短密封件的使用寿命，增大液压元件内的运动摩擦阻力，降低系统的机械效率。因此，合理地选用和设计密封装置十分重要。

一、对密封装置的要求

1. 在工作压力和一定的温度范围内，应具有良好的密封性能，并能随着压力的增加自动提高密封性能。

2. 密封装置和运动件之间的摩擦力要小，摩擦系数要稳定。

3. 抗腐蚀能力强，不易老化，工作寿命长，耐磨性好，磨损后在一定程度上能自动补偿。

4. 结构简单，使用、维护方便，价格低廉。

二、密封装置的类型和特点

密封按其工作原理可分为非接触式密封和接触式密封。前者主要指间隙密封，后者指密封件密封（图 5–11）。

图 5–11　密封圈

1. 间隙密封

间隙密封是靠相对运动件配合面之间的微小间隙来进行密封的，常用于柱塞、活塞或阀的圆柱配合副中，如图 5–12 所示。一般在阀芯的外表面开有几条等距离的平衡槽（均压槽），它的主要作用是使径向压力分布均匀，减少液压卡紧力，同时使阀芯在孔中对中性好，以减小间隙的方法来减少泄漏。同时，槽所形成的阻力，对减少泄漏也有一定的作用。均压槽一般宽 0.3~0.5 mm，深为 0.5~1.0 mm。圆柱面配合间隙与直径大小有关，对于阀芯与阀孔一般取 0.005~0.017 mm。

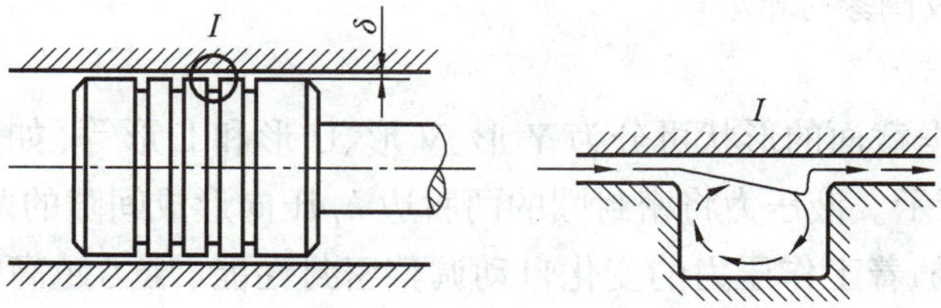

图 5–12　间隙密封

这种密封的优点是摩擦力小，缺点是磨损后不能自动补偿；主要用于直径较小的圆柱面之间，如液压泵内的柱塞与缸体之间，滑阀的阀芯与阀孔之间的配合。

间隙密封平衡槽的作用：

（1）自动对中心，减小摩擦力 。

（2）增大了泄漏阻力，提高了密封性能。

（3）储存油液，自动润滑。

2. O 形密封圈

O 形密封圈属于接触式密封，一般用耐油橡胶制成，其横截面呈圆形，具有良好的密封性能，内外侧和端面都能起密封作用，结构紧凑，运动件的摩擦阻力小，制造容易，装拆方便，成本低，且高低压均可以用，所以在液压系统中得到广泛的应用。

图 5–13 所示为 O 形密封圈的结构和工作情况。图 5–13（a）为其外形圈；图 5–13（b）为装入密封沟槽的情况，δ_1、δ_2 为 O 形圈装配后的预压缩量，通常用压缩率 W 表示，即 $W=[(d_0-h)/d_0]\times100\%$。对于固定密封、往复运动密封和回转运动密封，$W$ 应分别达到 15%~20%、10%~20% 和 5%~10% 才能取得满意的密封效果。当油液工作压力超过 10 MPa 时，O 形圈在往复运动中容易被油液压力挤入间隙而提早损坏，如图 5–13（c）所示。为此要在它的侧面安放 1.2~1.5mm 厚的聚四氟乙烯挡圈。单向受力时在受力侧的对面安放一个挡圈，如图 5–13（d）所示；双向受力时则在两侧各放一个如图 5–13（e）所示。

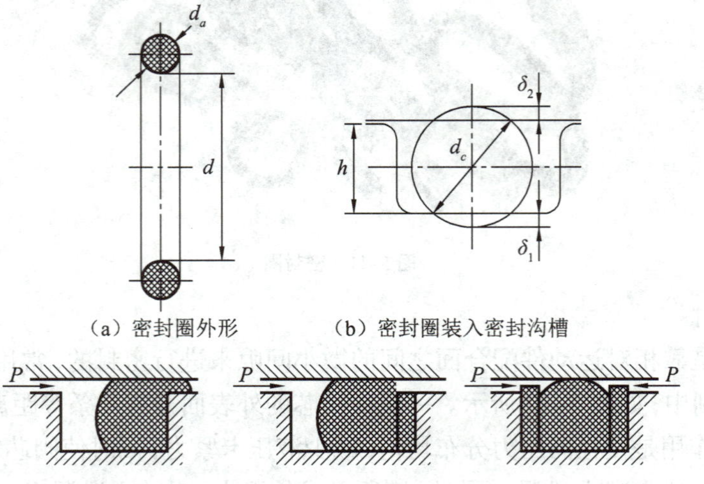

（a）密封圈外形 （b）密封圈装入密封沟槽
（c）密封圈被挤入沟槽 （d）密封圈单向受力 （e）密封圈双向受力

图 5–13 O 形密封圈的结构和工作情况

O 形密封圈的安装沟槽，除矩形外，还有 V 形、燕尾形、半圆形和三角形等，实际应用中可查阅有关手册及国家标准。

3. 唇形密封圈

唇形密封圈根据截面的形状可分为 Y 形、V 形、U 形和 L 形等，如图 5–14 所示。其工作原理如图 5–15 所示。液压力将密封圈的两唇边 h_1 压向形成间隙的两个零件的表面。这种密封的特点是能随着工作压力的变化自动调整密封性能，压力越高则唇边被压得越紧，密封性越好；当压力降低时，唇边压紧程度也随之降低，从而减少了摩擦阻力和功率消耗，除此之外，还能自动补偿唇边的磨损，保持良好的密封性能。

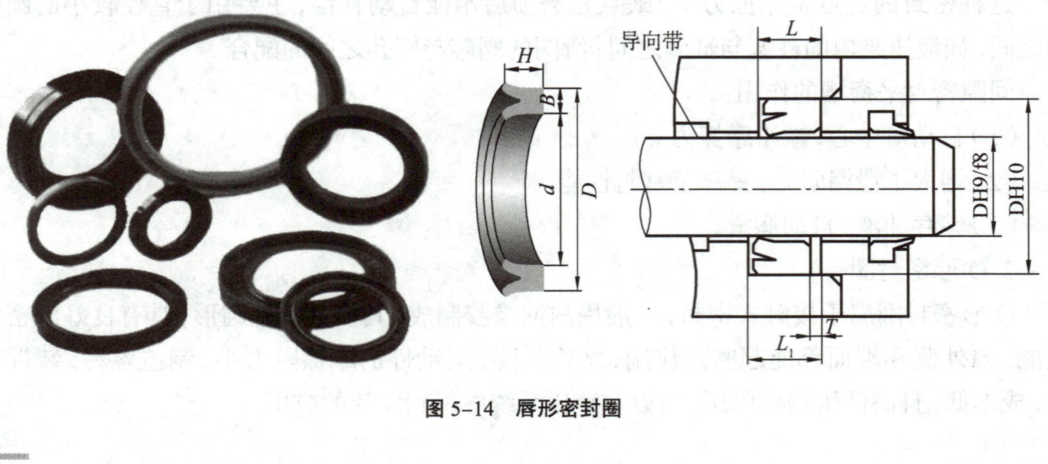

图 5–14 唇形密封圈

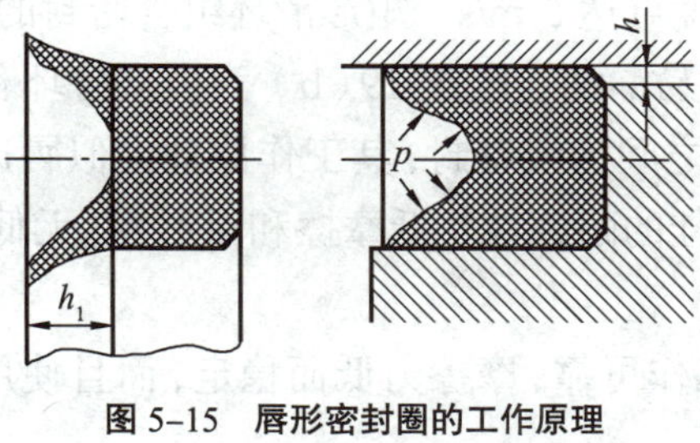

图 5-15　唇形密封圈的工作原理

目前，液压缸中普遍使用如图 5-16 所示的小 Y 形密封圈作为活塞和活塞杆的密封。其中图 5-16（a）所示为轴用密封圈，图 5-16（b）所示为孔用密封圈。这种小 Y 形密封圈的特点是断面宽度和高度的比值大，增加了底部支承宽度，可以避免摩擦力造成的密封圈翻转和扭曲。

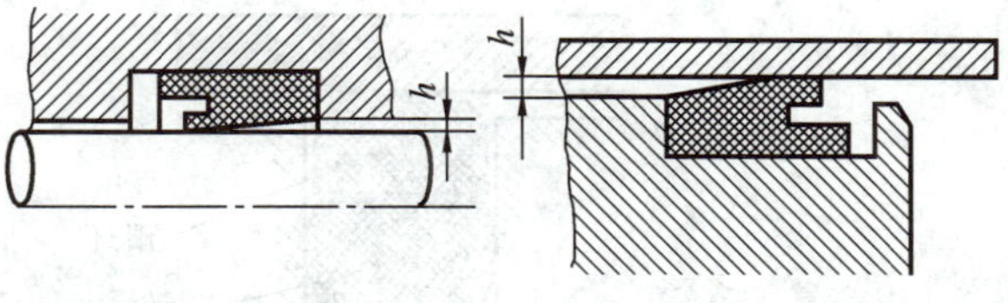

（a）轴用密封圈　（b）孔用密封圈

图 5-16　小 Y 形密封圈

在高压和超高压情况下（压力大于 25 MPa）V 形密封圈也有应用，V 形密封圈的形状如图 5-17 所示。它由多层涂胶织物压制而成，通常由支承环、密封环和压环三个圈叠在一起使用，此时已能保证良好的密封性，当压力更高时，可以增加中间密封环的数量，这种密封圈在安装时要预压紧，所以摩擦阻力较大。

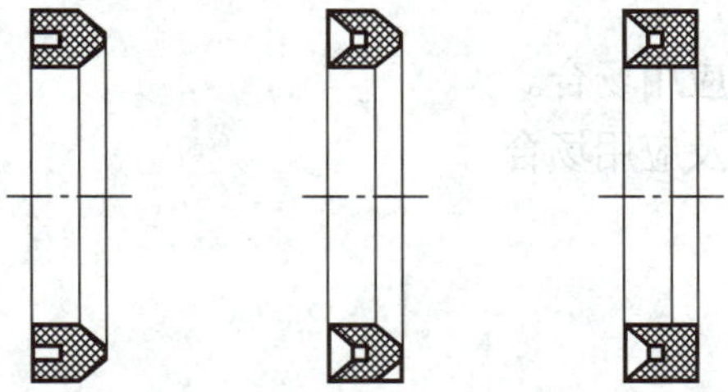

支承环　密封环　压环

图 5-17　V 形密封圈

唇形密封圈安装时应使其唇边开口面对压力油，使两唇张开，分别贴紧在机件的表面上。

4. 组合式密封装置

随着液压技术应用的日益广泛，系统对密封的要求越来越高，单独使用普通的密封圈已不能良好地满足密封要求，特别是使用寿命和可靠性的要求，因此，研究和开发了由包括密封圈在内的两个以上元件组成的组合式密封装置。图 5-18 所示为组合式密封圈。

图 5-18　组合式密封圈

图 5-19（a）所示为 O 形密封圈与截面为矩形的聚四氟乙烯塑料滑环组成的组合密封装置。其中，滑环紧贴密封面，O 形圈为滑环提供弹性预压力，在介质压力等于零时构成密封，由于密封间隙靠近滑环，而不是 O 形圈，因此摩擦阻力小而且稳定，可用于 40 MPa 的高压；往复运动密封时，速度可达 15 m/s；往复

摆动与螺旋运动密封时，速度可达 5 m/s。矩形滑环组合密封的缺点是抗侧倾能力稍差，在高低压交变的场合下工作容易漏油。图 5-19（b）为由支持环和 O 形圈组成的轴用组合密封，由于支持环与被密封件之间为线密封，其工作原理类似唇边密封。支持环采用一种经特别处理的化合物，具有极佳的耐磨性、低摩擦和保形性，无低速时的“爬行”现象，工作压力可达 80 MPa。

组合式密封装置不仅工作可靠，摩擦力低而稳定，而且使用寿命比普通橡胶密封提高近百倍，在工程上应用广泛。

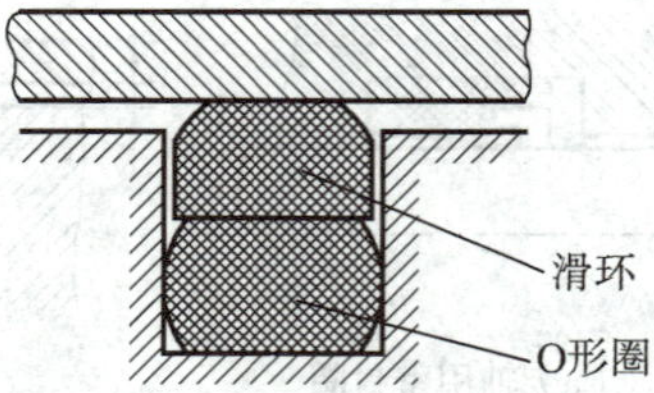

（a）O 型密封圈与矩形截面滑环组合

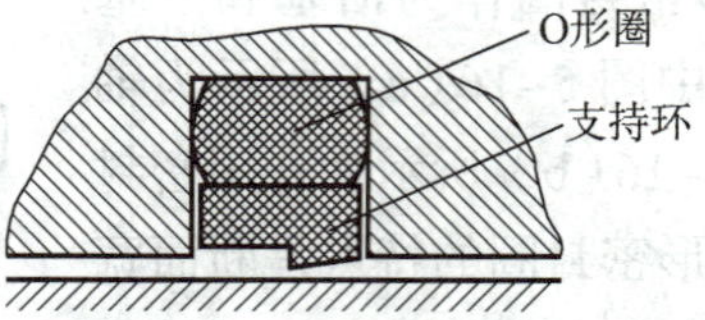

（b）轴用组合密封

图 5-19　组合式密封装置

任务四　油管及管接头

【教学目标】

1. 掌握油管的种类及应用场合。
2. 掌握管接头的种类及应用场合。

【相关知识】

一、油管

1. 油管的种类及适用场合

液压系统中使用的油管种类很多，常见的有钢管、铜管、尼龙管、塑料管和橡胶管等，如图 5-20 所示。油管须按照安装位置、工作环境和工作压力来正确选用。油管的特点及其适用范围见表 5-4。

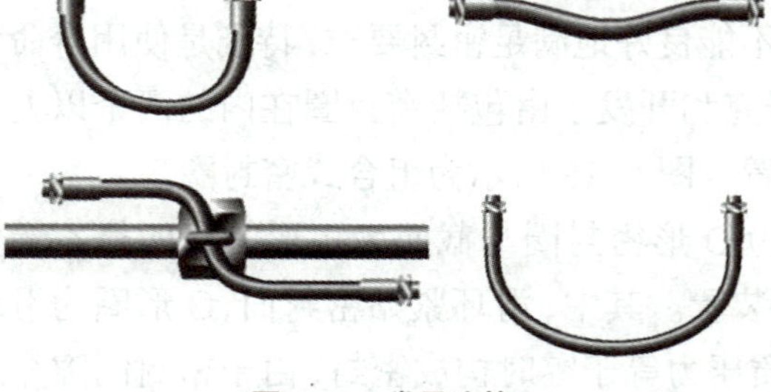

图 5-20　常见油管

表 5-4　　**液压系统中使用的油管**

种类		特点和适用场合
硬管	钢　管	能承受高压，价格低廉，耐油，抗腐蚀，刚性好，但装配时不能任意弯曲；常在装拆方便处用作压力管道，中、高压用无缝钢管，低压用焊接钢管
	紫铜管	易弯曲成各种形状，但承压能力一般不超过 6.5~10 MPa，抗振能力较弱，又易使油液氧化；通常用在液压装置内配接不便之处
软管	尼龙管	乳白色半透明，加热后可以随意弯曲成形或扩口，冷却后又能定形不变，承压能力为 2.5 MPa~8 MPa
	塑料管	质轻耐油，价格便宜，装配方便，但承压能力低，长期使用会变质老化，只宜用作压力低于 0.5 MPa 的回油管、泄油管等
	橡胶管	高压管由耐油橡胶夹几层钢丝网制成，钢丝网层数越多，越耐压，价格越贵，用作中、高压系统中两个相对运动件之间的压力管道，低压管由耐油橡胶夹帆布制成，可用作回油管道

油管的管径不宜选得过大，以免使液压装置的结构庞大；但也不能选得过小，以免使管内液体流速加大，导致系统压力损失增加或产生振动和噪声，影响正常工作。

在保证强度的情况下，管壁尽量选得薄些。薄壁易于弯曲，规格较多，装接较易，可减少管接头数目，有助于解决系统泄漏。

2. 油管类型的选择

液压系统中使用的油管分硬管和软管，选择的油管应有足够的通流截面和承压能力，同时，应尽量缩短管路，避免急转弯和截面突变。

（1）钢管：中、高压系统选用无缝钢管，低压系统选用焊接钢管，钢管价格低，性能好，使用广泛。

（2）铜管：紫铜管工作压力在 6.5~10 MPa 以下，易弯曲，便于装配；黄铜管承受压力较高，达 25 MPa，不如紫铜管易弯曲。铜管价格高，抗振能力弱，易使油液氧化，应尽量少用，只用于液压装置配接不方便的部位。

（3）软管：用于两个相对运动件之间的连接。高压橡胶软管中夹有钢丝编织物；低压橡胶软管中夹有棉线或麻线编织物；尼龙管是乳白色半透明管，承压能力为 2.5~8 MPa，多用于低压管道。因软管弹性变形大，容易引起运动部件爬行，所以软管不宜装在液压缸和调速阀之间。

二、管接头

管接头是油管和油管、油管与液压元件之间的可拆连接。管接头应具有装拆方便、连接牢固、密封可靠、外形尺寸小、通油能力大等特点，其质量会影响液压系统的泄漏和压力损失。

常用的管接头有焊接式管接头、卡套式管接头（图 5–21）、扩口式管接头、扣压式管接头和固定铰接管接头等，见表 5–5。

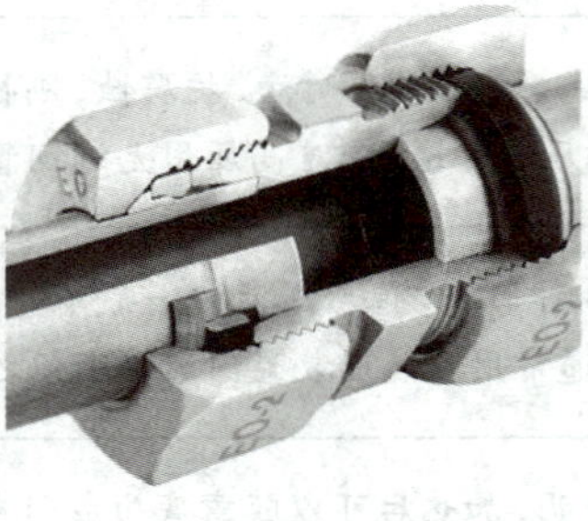

图 5–21　卡套式管接头

表 5–5　**液压系统中常用的管接头**

名称	结构简图	特点和说明
焊接式	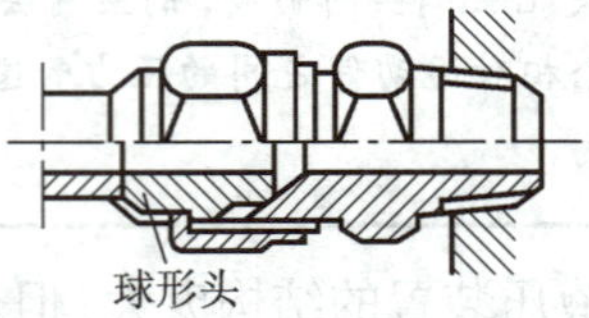	1. 连接牢固，利用球面进行密封，简单可靠 2. 需保证焊接质量，应采用厚壁钢管，装拆不便
卡套式	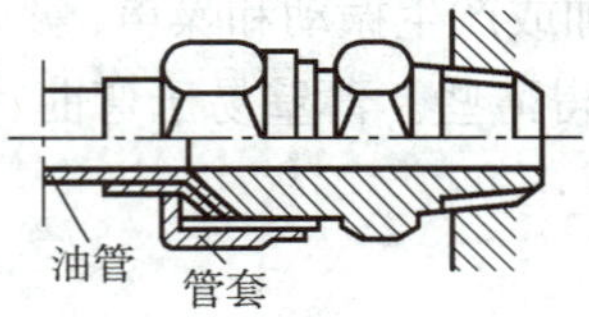	1. 用卡套卡住油管进行密封，轴向尺寸要求不严，装拆简便 2. 对油管径向尺寸精度要求较高，需采用冷拔无缝钢管
扩口式	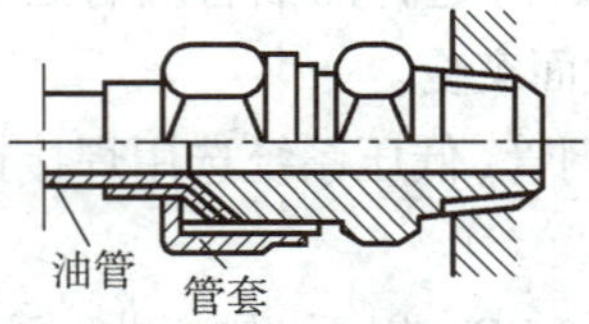	1. 用管端扩口在管套的压紧下密封，结构简单 2. 适用于铜管、薄壁钢管、尼龙管和塑料管等低压管道的连接
扣压式	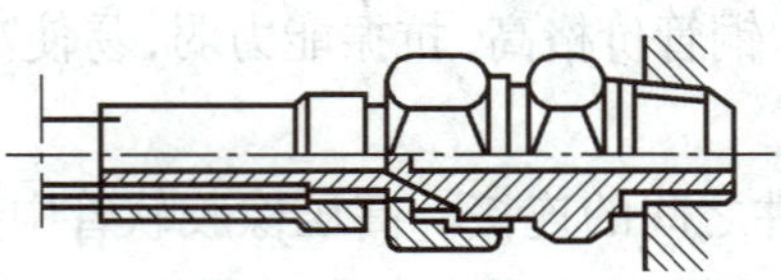	1. 用来连接高压软管 2. 在中、低压系统中应用
固定铰接式	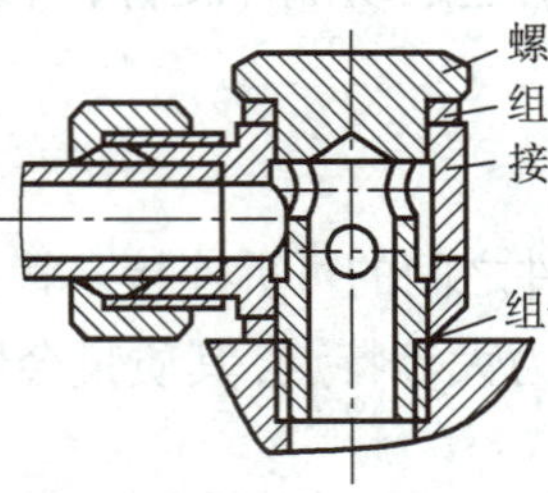	1. 直角接头，可随意调节布管方向，占用空间小，安装方便 2. 接头与管子也可采用焊接式连接 3. 中间有通孔的固定螺钉把两个组合垫圈压紧，在接头体上进行密封

液压系统中的泄漏问题大部分出现在管系中的接头上，因此对管材的选用、接头形式的确定（包括接头设计、垫圈、密封、箍套、防漏涂料的选用等）、管系的设计（包括弯管设计、管道支承点和支承形式的选取等）以及管道的安装（包括正确的运输、储存、清洗、组装等）都要谨慎，以免影响整个液压系统的使用。

用特殊的镍钛合金制造的管接头，能使低温下受力发生的变形在升温时消除，即把管接头放入液氮中用心棒扩大其内径，然后取出来迅速套装在管端上，可使它在常温下得到牢固、紧密的结合。这种“热缩”式的连接已在航空和其他一些加工行业中得到了应用，它能保证在 40~55 MPa 的工作压力下不出现泄漏。

任务五 油 箱

【教学目标】

1. 掌握油箱的功用。
2. 掌握油箱的种类。
3. 掌握油箱的结构特点及设计要点。

【相关知识】

一、油箱的功用

油箱的主要功用是储存油液，同时还起着散热、分离油液中的空气和沉淀油液中的杂质等作用。

二、油箱的分类

液压系统中的油箱通常分为开式和闭式两种。油箱内液面压力等于大气压力的油箱叫开式油箱；油箱内液面压力大于大气压力的油箱叫闭式油箱。

油箱和主机做成整体的叫整体式油箱；油箱和主机分离的叫分离式油箱。

三、油箱的结构（图 5–22、图 5–23）

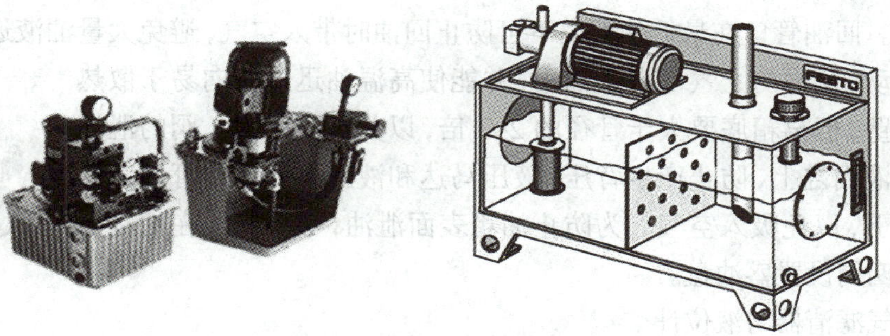

图 5–22 油箱及其内部结构

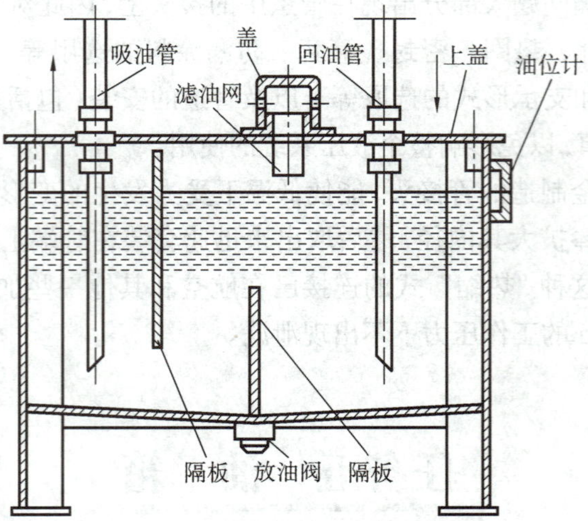

图 5-23　油箱侧面结构

1. 基本结构

油箱外形一般为立方体或长六面体，这样可以在相同的容量下得到最大的散热面积。油箱的顶盖上一般要安放泵和电动机（有的也置于油箱旁边或下面）以及阀的集成装置等，由此可基本确定箱盖的尺寸；另外，最高油面只允许达到箱高的 80%，这样就可以基本确定箱高的尺寸。油箱一般用厚度为 2.5~4 mm 的钢板焊成，顶盖要适当加厚并用螺钉通过焊在箱体上的角钢加以固定。顶盖可以是整体的，也可分为几块。泵、电动机和阀的集成装置可直接固定在顶盖上，也可固定在安装板上，安装板与顶盖间应垫上橡胶板以缓和振动。油箱底脚高度应在 150 mm 以上，以便散热、搬移和放油。油箱要设有吊耳，以便吊装和运输。油箱应有足够的刚度，大容量且较高的油箱要采用骨架式结构。

2. 吸、回和泄油管的设置

系统中吸油管和回油管的管口之间应尽量远些，且都应在最低油面之下。吸油管应采用容易从油箱内取出过滤器的连接方式，过滤器应安装在油面以下的位置，距离油箱底面不得小于 50 mm，以防止吸入油箱底部的沉淀物。吸油管离箱壁要有 3 倍管径的距离，以便四面进油；回油管应加工成 45° 斜口形状，以增大通流截面，并面向箱壁，以利于散热和沉淀杂质。回油管口在最低油面以下可防止回油时带入空气，避免大量油液返回油箱时产生剧烈扰动，从而防止气泡混入油中，并能使高温油迅速流向易于散热的油箱四壁，但离箱底要大于管径的 2~3 倍，以免飞溅起泡。阀的泄油管口应在液面之上，防止产生背压；液压马达和液压泵的泄油管则应引入液面之下，以免吸入空气。为防止油箱表面泄油，必要时要在油箱下面或顶盖四周设置盛油盘。

3. 空气滤清器与液位计

空气滤清器的作用是使油箱与大气相通，保证泵的自吸能力，滤除空气中的灰尘杂物，同时用作加油口，如图 5-24 所示。它的容量大小可根据液压泵输出油量的大小进行选择，当油箱内的油面发生剧烈变化时，可保证油箱内不出现负压情况。它一般布置在顶盖靠近油箱边缘处。

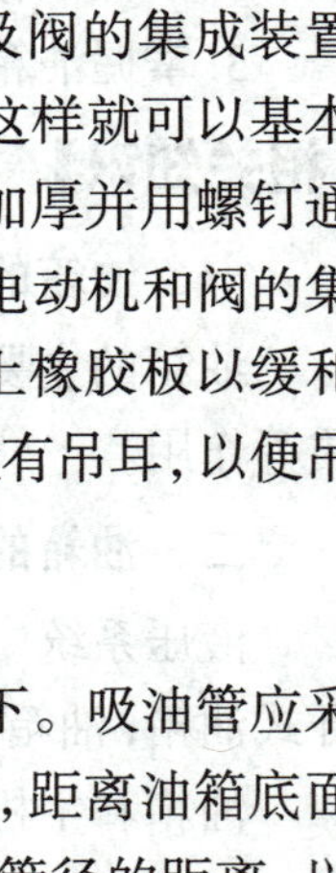

图 5-24　空气滤清器

液位计用于监测油面高度，其窗口尺寸应能满足对最高与最低液位的观察。这些标准件可以按需选用。

4. 隔板的设置

在油箱中设置隔板的目的是将吸、回油隔开，迫使油液循环流动，分离回油带进的气泡和杂质，利于散热和沉淀。一般设置一到两个隔板，高度约为油面的 2/3 或接近最大液面高度。为了达到良好的散热效果，应使液流在油箱中有较长的行程，如果与四壁接触，效果更好。油箱底面应有适当的倾斜度，并在最低处设置放油塞。

5. 放油口的设置

图 5-23 中油箱底面做成斜面，在最低处设有放油口，平时用螺塞或放油阀堵住，换油时打开。

6. 防污密封

油箱盖板和窗口连接处均需加密封垫，各进、出油管通过的孔都需要装密封垫。

7. 油温控制

油箱正常工作温度应在 15~65℃之间，必要时应安装温度计、温控器和热交换器。

8. 油箱内壁加工

新油箱经喷丸、酸洗和表面清洁后，四壁可涂一层与工作液不相容的塑料薄膜或耐油清漆。如果油箱用不锈钢板焊制，可不必涂层。较大的油箱应设置手孔或入孔，以便维修。

综上所述，油箱设计要点可概括为以下几点：

（1）油箱应有足够的容积以满足散热，同时其容积应保证系统中油液全部流回油箱时不渗出，油液液面不应超过油箱高度的 80%。

（2）吸油管和回油管的间距应尽量大。

（3）油箱底部应有适当斜度，泄油口置于最低处，以便排油。

（4）注油器上应装滤网。

（5）油箱的箱壁应涂耐油防锈涂料。

任务六　冷却器与加热器、压力表与压力表开关

【教学目标】

1. 掌握冷却器与加热器的工作原理。
2. 掌握冷却器与加热器的种类及使用场合。
3. 掌握压力表及压力表开关的作用。

【相关知识】

液压系统的工作温度一般希望保持在 30~50℃的范围内，最高不超过 65℃，最低不低于 15℃。液压系统如依靠自然冷却仍不能使油温控制在上述范围内时，就须安装冷却器；反之，如环境温度太低无法使液压泵启动或正常运转时，就须安装加热器。

一、冷却器（图 5-25）

按冷却介质的不同，冷却器分为水冷式、风冷式和冷媒式三种。

蛇形管冷却器是水冷式冷却器，它直接装在油箱内，冷却水从蛇形管内部通过，带走油液中的热量。这种冷却器结构简单，但冷却效率低，耗水量大，如图 5-26 所示。

图 5-25 冷却器

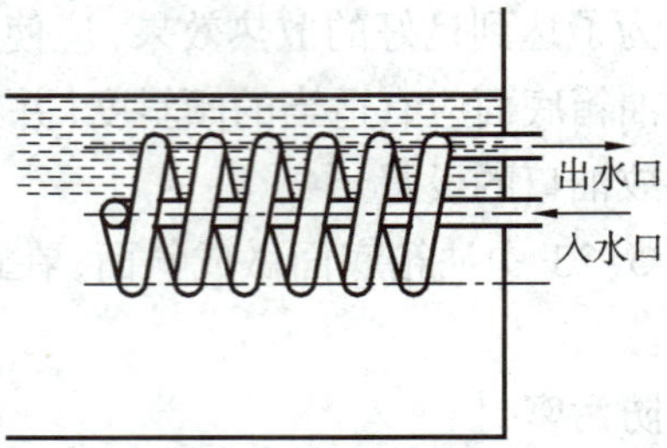

图 5-26 蛇形管冷却器

液压系统中应用较多的是强制对流式多管式冷却器，如图 5-27 所示。油液从进油口流入，从出油口流出；冷却水从进水口流入，通过多根水管后由出水口流出。油液在水管外部流动时其行进路线因冷却器内设置了隔板而加长，因而增加了热交换效果。采用翅片管式冷却器，水管外面增加了许多横向或纵向的散热翅片，大大扩大了散热面积和热交换效果。图 5-28 所示为翅片管式冷却器的一种形式，它是在圆管或椭圆管外嵌套上许多径向翅片，其散热面积可达光滑管的 8~10 倍。椭圆管的散热效果一般比圆管更好。

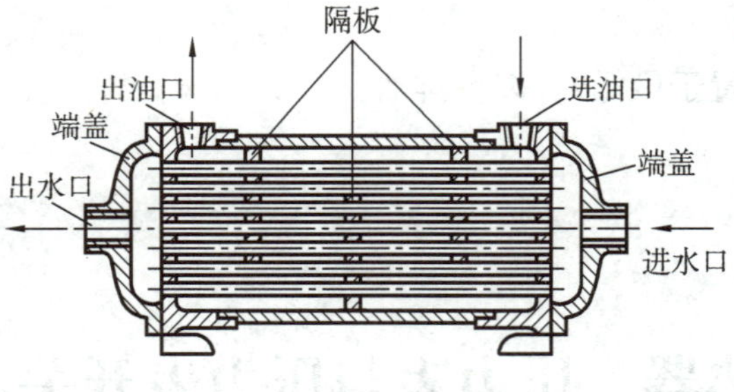

图 5-27 多管式冷却器

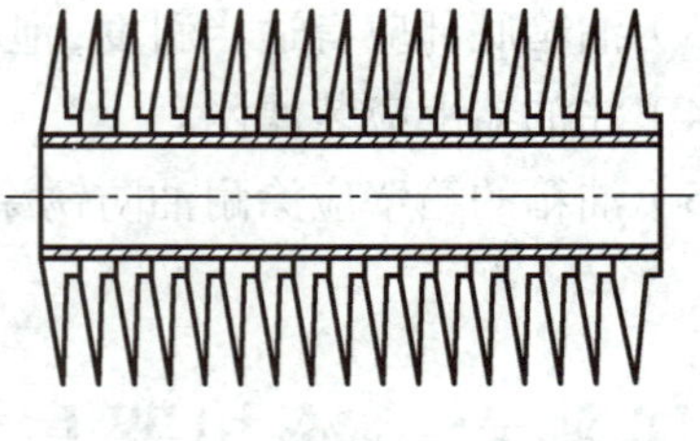

图 5-28 翅片管式冷却器

风冷式冷却器是一种用风扇鼓风带走油液热量的装置，不须另设通水管路，结构简单，价格低廉，但冷却效果较水冷式差。

冷媒式冷却器是利用冷媒介质（如氟利昂）在压缩机内作绝热压缩，散热器散热，蒸发器吸热原理，把油液的热量带走，使油液冷却。此种方式冷却效果好，但价格昂贵，常用于精密机床等设备上。

冷却器一般应安放在回油管或低压管路上，此位置油温低，易冷却。如溢流阀的出口，系统的主回流路或单独的冷却系统。

冷却器所造成的压力损失一般约为 0.01~0.1 MPa。

冷却器的职能符号如图 5-29 所示。

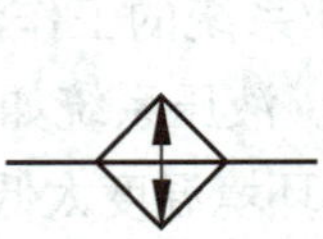

图 5-29 冷却器的职能符号

二、加热器

液压系统的加热一般常采用结构简单、能按需要自动调节温度的电加热器。加热器及其职能符号如图 5-30 所示。这种加热器的安装方式是用法兰盘横装在箱壁上，发热部分全部浸在油液内。加热器应安装在箱内油液流动处，以有利于热量的交换。由于油液是热的不良导体，所以单个加热器的功率容量不能太大，以免其周围油液过度受热后发生变质现象。

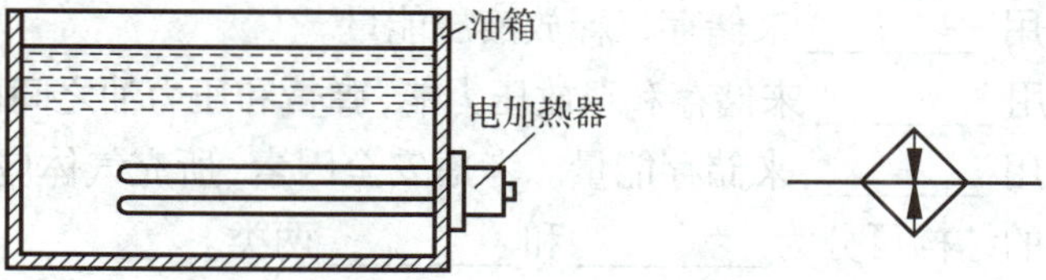

图 5-30 加热器及其职能符号

三、压力表及压力表开关

1. 压力表

压力表用于观察和测量各工作点的工作压力，以达到调整和控制压力的目的。图 5-31 所示为最常见的弹簧管式压力表。

压力表有多种精度等级，选用压力表时，一般取系统压力为压力表量程的 2/3~3/4，被测压力不应超过压力表量程的 3/4，否则，将影响压力表的使用寿命。

压力表必须直立安装。压力油接入压力表时，应通过阻尼小孔，以免系统压力突然升高将表损坏。

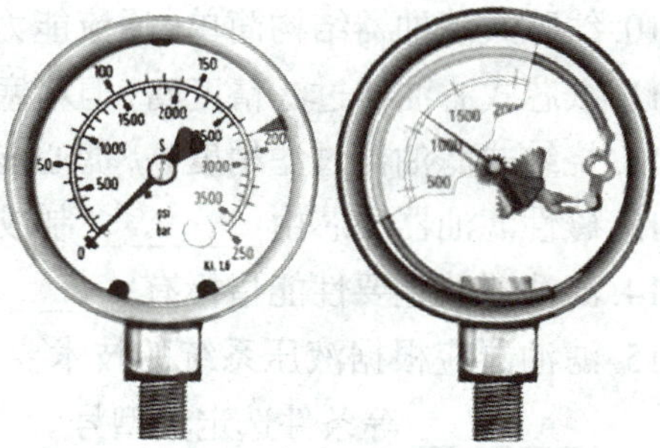

5-31 弹簧管式压力表

2. 压力表开关

压力表与油路之间需要安装压力表开关，用来接通和切断压力表和测量点的通道，相当于一个截止阀。压力表开关按测量点数目不同可分为单点、三点、六点等几种。旋转手柄可调节压力表的测量点。压力表的过油通道很小，可防止指针的剧烈摆动。不用时，应将压力表油路与系统油路断开，与油箱接通，以保护压力表，延长压力表的使用寿命。

图 5-32 所示的 MS2 型压力表开关为转阀式开关，借助于旋转的阀套，用一个压力表可读出六个油路的压力；压力测量口沿阀芯的圆周布置。

图 5-32 MS2 型压力表转阀式开关

思考练习题

一、填空题

1. 蓄能器按结构可分为 ________、________ 和 ________ 等三类。
2. 重力式蓄能器利用 ________ 来储存、释放液压能量。
3. 弹簧式蓄能器利用 ________ 来储存和释放压力能，弹簧和压力油之间由 ________ 隔开。
4. 充气式蓄能器利用 ________ 来储存能量。考虑安全因素，所充气体应采用 ________。
5. 按气囊式蓄能器的结构可分为 ________ 和 ________ 两类。
6. 滤油器按材质和过滤方式可分为 ________、________、________、________ 和 ________。
7. 滤油器的过滤精度是指滤芯能够滤除的 ________ 的大小。滤油器按其过滤精度的不同，有 ________、________、________ 和 ________ 四种。
8. 据统计，有 75% 以上的液压故障是由于 ________ 造成的。
9. 网式滤油器结构简单，通流能力大，清洗方便，但 ________ 低。
10. 线隙式滤油器结构简单，通流能力大，过滤精度高，但 ________ 低，不易清洗。
11. 纸芯式滤油器过滤精度高，但堵塞后无法清洗，必须 ________。
12. 烧结式滤油器过滤精度高，滤心能 ________，但金属颗粒 ________，堵塞后不易清洗。
13. 磁性滤油器滤芯由 ________ 制成；常与其他形式的滤芯合起来制成 ________。
14. 滤油器的主要性能指标有 ________、________ 和 ________ 等。
15. 滤油器应根据液压系统的技术要求，按过滤精度、通流能力、工作压力、________ 和 ________ 等条件选定其型号。
16. 按密封装置的工作原理来分，可分为 ________ 和 ________。前者主要指间隙密封，后者指密封件密封。
17. 间隙密封是靠相对运动件配合面之间的 ________ 来进行密封的，常用于柱塞、活塞或阀的圆柱配合副中。
18. 间隙密封的优点是 ________，缺点是 ________。
19. 唇形密封圈根据截面的形状可分为 ________、________、________、________ 等。
20. 液压系统中使用的油管种类很多，有 ________、________、________、________、________ 等。
21. 管接头是油管和油管、油管与液压元件之间的 ________。
22. 常用的管接头有 ________、________、扩口式管接头、扣压式管接头、固定铰接管接头等。
23. 管接头必须具有装拆方便、连接牢固、________、外形尺寸小、通流能力大、压降 ________、工艺性 ________ 等各项条件。
24. 油箱的主要功用是 ________，同时还起着散热，分离油液中的空气和沉淀油液中的杂质等作用。
25. 液压系统中的油箱通常分为 ________ 和 ________ 两种。

26. 油箱和主机做成整体的叫 ________ 油箱；和主机分离的独立油箱叫 ________ 油箱。
27. 油箱的最高油面只允许达到箱高度的 ________。
28. 按冷却介质的不同，冷却器分为 ________、________ 和 ________ 三种。
29. 蛇形管冷却器是水冷式冷却器，它直接装在油箱内，冷却水从蛇形管 ________ 通过，带走油液中的热量。
30. 冷媒式冷却器是利用 ________ 把热油的热量带走，使油液冷却。
31. 压力表用于观察和测量各工作点的 ________，以达到调整和控制压力的目的。
32. 压力油接入压力表时，应通过 ________，以免系统压力突然升高将表损坏。
33. 压力表与油路之间需要安装压力表开关，用来接通和切断压力表和测量点的通道，相当于一个 ________。

二、判断题

1. 皮囊式蓄能器原则上应垂直安装（油口向下），只有在空间位置受限制时才允许倾斜或水平安装。 （ ）
2. 装在管路上的蓄能器须用支板或支架固定。 （ ）
3. 蓄能器与管路系统之间应安装截止阀，供充气、检修时使用。 （ ）
4. 蓄能器与液压泵之间不应安装单向阀，以免液压泵停车时蓄能器内储存的压力油液倒流。 （ ）
5. 液压油中杂质颗粒越大，对零件的危害越大。 （ ）
6. 压力表必须直立安装。 （ ）
7. 在流量一定的情况下，滤芯的有效过滤面积越大压力降越大。 （ ）
8. 油液的黏度愈大，流经滤芯的压力降也愈大。 （ ）
9. 滤芯所允许的最小压力降，应使滤心元件不发生结构性破坏。 （ ）
10. 纸质滤心不能在高压系统中使用。 （ ）
11. 滤油器的纳垢容量越小，使用寿命越长，它是反映滤油器寿命的重要指标。 （ ）
12. 滤芯尺寸越大，即过滤面积越大，纳垢容量就越大。 （ ）
13. 唇形密封圈安装时应使其唇边开口面对压力油，使两唇张开，分别贴紧在机件的表面上。 （ ）
14. 组合式密封装置工作可靠，摩擦力低而稳定，使用寿命高，在工程上的应用日益广泛。 （ ）
15. 选择油管时应使其有足够的通流截面和承压能力，应尽量延长管路，避免急转弯和截面突变。 （ ）
16. 管接头的质量不会影响到液压系统的泄漏和压力损失。 （ ）
17. 液面压力大于大气压力的油箱叫闭式油箱。 （ ）
18. 蛇形管冷却器结构简单，但冷却效率低，耗水量大。 （ ）
19. 风冷式冷却器是利用风扇鼓风带走流入散热器内油液热量的装置，不须另设通水管路。 （ ）
20. 冷媒式冷却器冷却效果好，但价格昂贵，常用于精密机床等设备上。 （ ）

21. 冷却器一般应安放在回油管或低压管路上，此位置油温低，冷却效果好。（　　）

22. 选用压力表时，被测压力不应超过压力表量程的 1/4，否则将影响压力表的使用寿命。（　　）

三、简答题

1. 蓄能器的使用场合有哪些？
2. 安装使用蓄能器时应注意哪些事项？
3. 滤油器的功用是什么？
4. 滤油器在液压系统中的安装位置通常有哪几种？
5. 选用滤油器时，要考虑哪几点？
6. 为什么要对液压系统实施密封？
7. 对密封装置的要求是什么？
8. 间隙密封中在阀芯的外表面开平衡槽的作用是什么？
9. 对油箱的要求有哪些？
10. 油箱设计要点有哪些？
11. 试画出蓄能器、滤油器、冷却器和加热器的职能符号。

模块六　液压基本回路

液压基本回路是指由几种液压元件组成的，用来完成特定功能的回路。

按其功用不同，液压基本回路可分为压力控制回路、速度控制回路、方向控制回路和多缸工作控制回路。

任务一　压力控制回路

【教学目标】

1. 掌握压力控制回路的种类。
2. 掌握各种压力控制回路的工作原理。
3. 掌握各种压力控制回路的使用场合。

【相关知识】

利用各种压力阀控制系统或系统某一部分油液压力的回路称为压力控制回路。

压力控制回路可实现调压、减压、增压、卸荷和多级压力的控制，满足执行元件对力或转矩的要求。

一、调压回路

根据负载的大小来调节系统工作压力的回路叫调压回路。调压回路主要由溢流阀组成。

1. 单级调压回路

图 6-1 所示为由溢流阀组成的单级调压回路，用于定量泵系统。在泵出口处并联溢流阀，用以控制系统的最高压力值。为使系统压力近于恒定，液压泵输出油液的流量除满足系统工作用油量和补偿系统泄漏外，还必须保证有油液经溢流阀流回油箱。所以，这种回路效率较低，一般用于流量不大的场合。

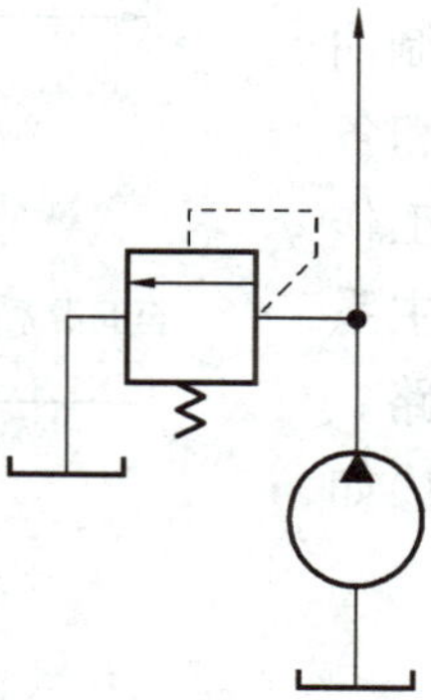

图 6-1　单级调压回路

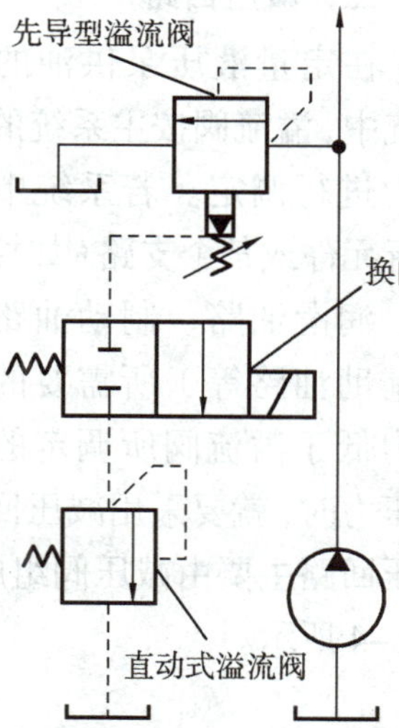

图 6-2　二级调压回路

2. 二级调压回路

图 6-2 所示为二级调压回路，可实现两种不同的系统压力控制。由先导型溢流阀和直动式溢流阀各调一级。

3. 多级调压回路

当系统需要多级压力控制时，可采用多级压力控制回路。

图 6-3 所示的调压回路中，由溢流阀 1、2、3 分别控制系统压力，从而组成多级调压回路。

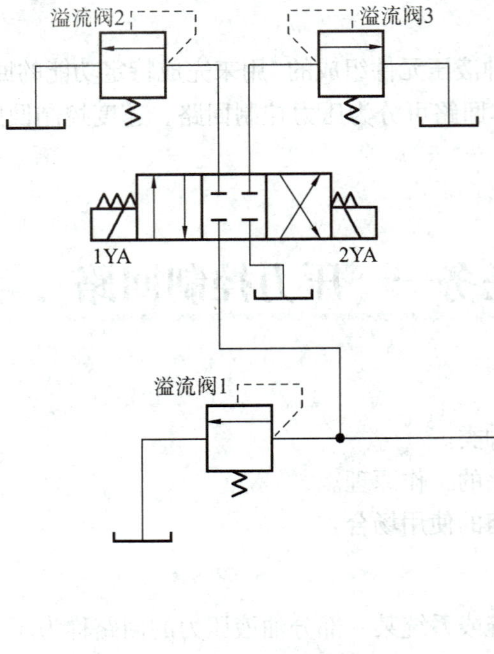

图 6-3　多级调压回路

二、减压回路

在定量液压泵供油的液压系统中，溢流阀按主系统的工作压力进行调定。若系统中某个执行元件或某个支路（如控制油路、润滑油路、制动油路和各种辅助油路等）所需要的工作压力低于溢流阀所调定的主系统压力时，就要采用减压回路。减压回路主要由减压阀组成，如图 6-4 所示。

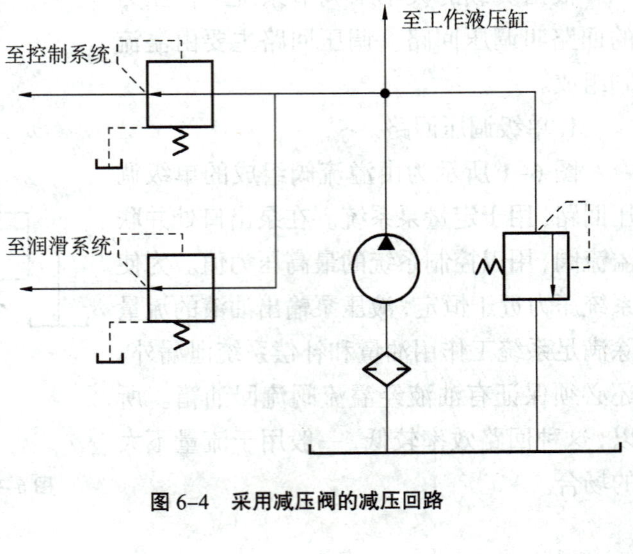

图 6-4　采用减压阀的减压回路

图 6–5 所示为采用单向减压阀组成的减压回路。液压泵输出的压力油液，以溢流阀调定的压力进入液压缸 2，以减压阀减压后的压力进入液压缸 1。活塞返程时，油液可经单向阀直接回油箱。

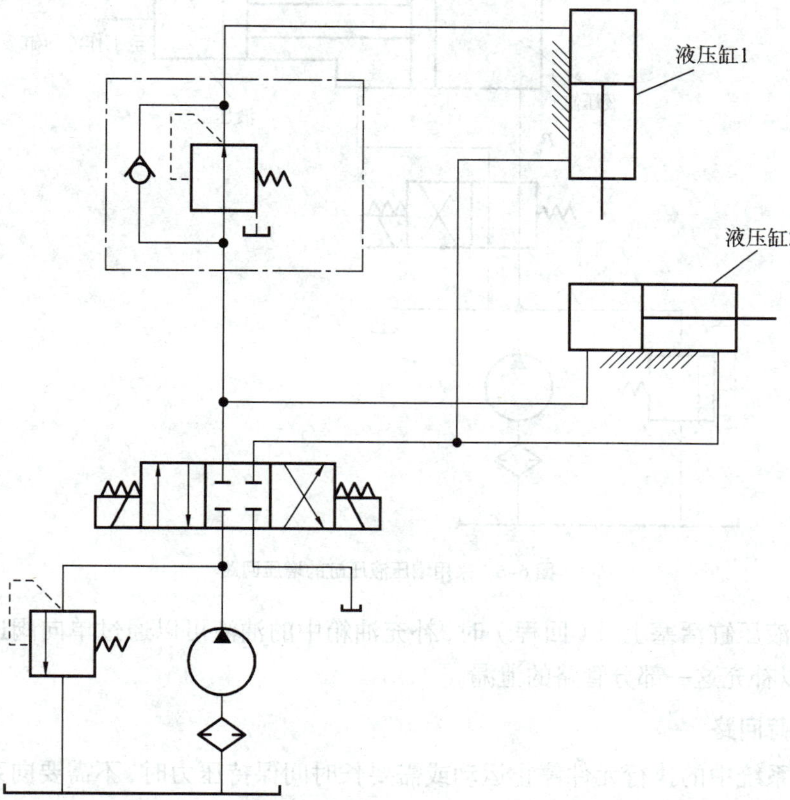

图 6–5　采用单向减压阀的减压回路

为使减压回路工作可靠，减压阀最低调定压力不应小于 0.5 MPa，最高调定压力至少比系统压力小 0.5 MPa。

因为减压阀泄油口有油液流回油箱，所以，当减压回路中的执行元件需要调速时，调速元件应放在减压阀的下游，以免减压阀泄漏对执行元件速度产生影响。

三、增压回路

增压回路可以使局部油路或个别执行元件得到比主系统油压高得多的压力。

如果系统或系统的某一支油路需要压力较高但流量又不大的压力油，而采用高压泵又不经济，或无必要增设高压泵时，常采用增压回路，这样不仅易于选择液压泵，而且系统工作较可靠，噪声小。增压回路中提高压力的主要元件是增压缸或增压器。

在液压系统中，采用增压回路要比选用高压大流量泵经济得多。

增压的方法很多，图 6–6 所示为采用增压液压缸的单作用增压回路。当系统在图示位置工作时，系统的供油压力 P_a 进入增压缸的大活塞腔，此时在小活塞腔即可得到所需的较高压力 P_b；当二位四通电磁换向阀右位接入系统时，增压缸返回，辅助油箱中的油液经单向阀补入小活塞。因而该回路只能间歇增压，所以称为单作用增压回路。

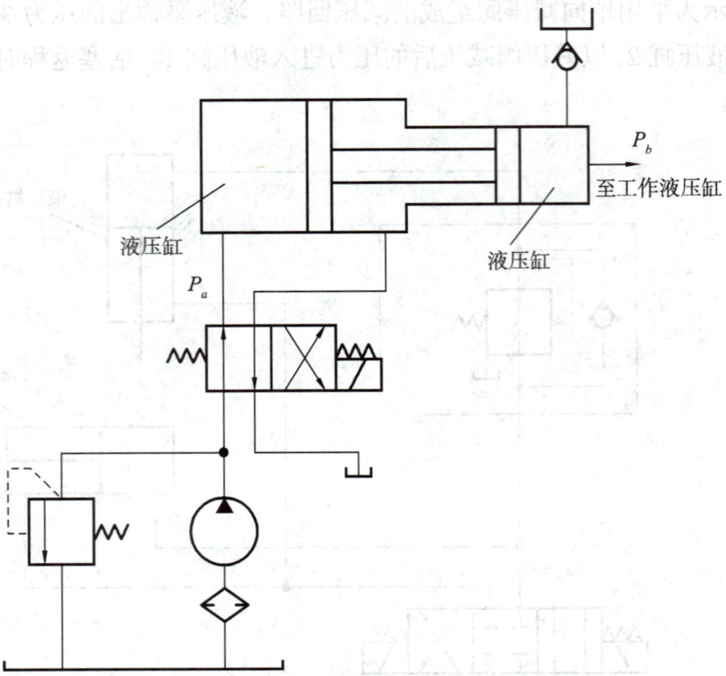

图 6-6 采用增压液压缸的增压回路

当工作液压缸活塞上升（回程）时，补充油箱中的油液可以通过单向阀进入增压液压缸的 b 缸，以补充这一部分管路的泄漏。

四、卸荷回路

当液压系统中的执行元件停止运动或需要长时间保持压力时，不需要向系统提供压力油。频繁关闭和开启液压泵会缩短泵的使用寿命；卸荷回路就是在液压泵不频繁开、关的情况下，使液压泵在功率损耗接近于零的情况下运转，即输出的油液以最小的压力直接流回油箱，以减小功率损耗，降低系统发热，延长液压泵和电机的使用寿命。

下面介绍两种常用的卸荷回路：

1. 采用二位二通换向阀的卸荷回路

在图 6-7 中，当执行元件停止运动时，使二位二通换向阀电磁铁通电，其右位接入系统，这时液压泵输出的油液通过该阀流回油箱，使液压泵卸荷。应用这种卸荷回路，二位二通换向阀的流量规格应能适应流过液压泵的最大流量。

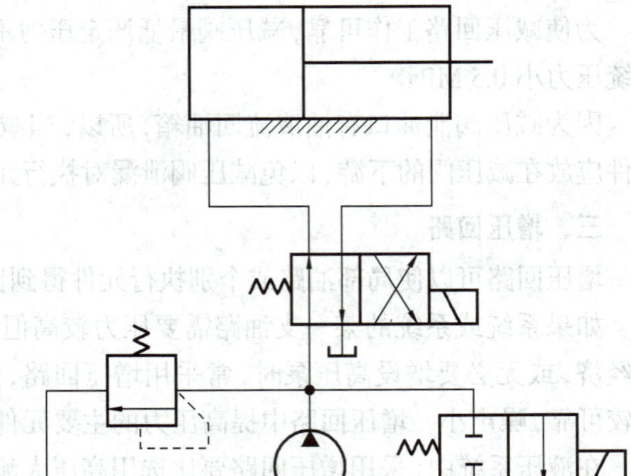

图 6-7 采用二位二通换向阀的卸荷回路

2. 采用三位换向阀的卸荷回路

图 6-8 所示为采用三位四通换向阀的中位滑阀机能实现卸荷的回路。图示换向阀的滑阀机能为中间开启型，油口 *A*、*B*、*P*、*O* 全部连通。液压泵输出的油液经换向阀中间通道直接流回油箱，实现液压泵卸荷。此外，中位滑阀机能为 *PO* 型或 *PAO* 型时也可实现液压泵卸荷。

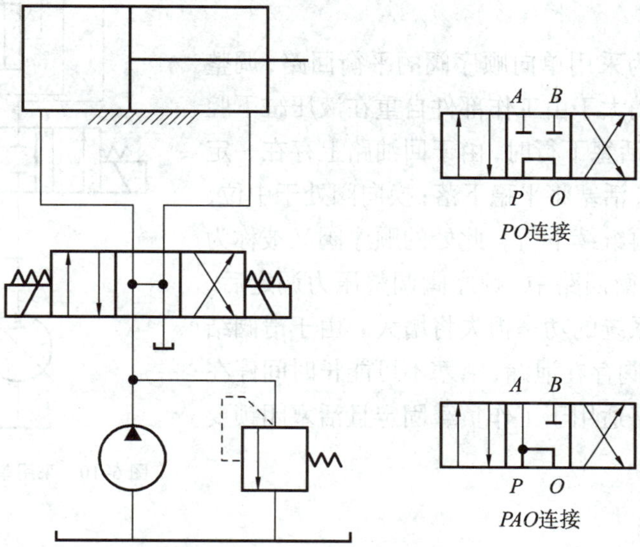

图 6-8　采用三位换向阀的卸荷回路

五、保压回路

在液压系统中，常要求液压执行机构在一定的行程位置上停止运动或在有微小的位移下稳定地维持住一定的压力，这就要采用保压回路。

保压性能的两个主要指标为保压时间和压力稳定性。

图 6-9 所示为采用液控单向阀、电接触式压力表的自动补油保压回路，它利用了液控单向阀结构简单并具有一定保压性能的长处，避开了直接开泵保压消耗功率的缺点。换向阀右位接入回路，活塞下降加压，当压力上升到电接触式压力表上限触点调定压力时，电接触式压力表发出电信号，换向阀切换成中位，泵卸载，液压缸有液控单向阀保压；当压力下降至下限触点调定压力时，电接触式压力表又发出信号，使换向阀右位接入回路，泵又向液压缸供油，使油压回升。当换向

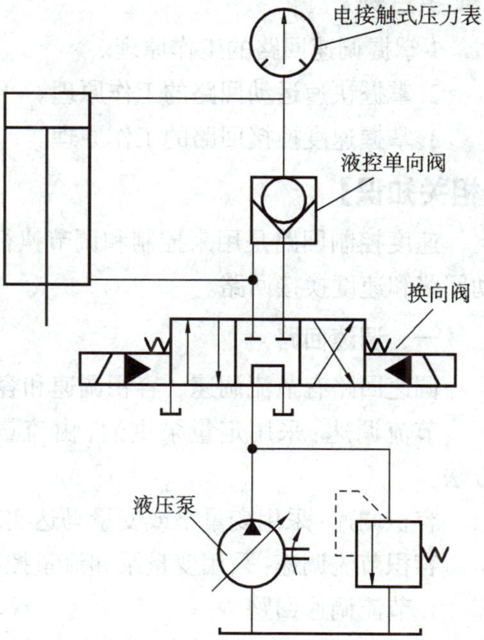

图 6-9　自动补油保压回路

阀的左位接入时，活塞快速退回原位，实现自动补油保压。这种回路保压时间长，压力稳定性高。

六、平衡回路

平衡回路的功能是使执行元件的回油路上保持一定的背压值，以平衡重力负载，使之不会因自重而自行下落。

图 6-10 所示为采用单向顺序阀的平衡回路，调整顺序阀，使其压力稍大于由工作部件自重在液压缸下腔中所形成的压力。活塞下行时，由于回油路上存在一定背压支承重力负载，活塞将平稳下落；换向阀处于中位，活塞停止运动，不再继续下行。此处的顺序阀又被称为平衡阀。在这种平衡回路中，顺序阀调整压力调定后，若工作负载变小，系统的功率损失将增大。由于滑阀结构的顺序阀和换向阀存在泄漏，活塞不可能长时间停在任意位置，这种回路适用于工作负载固定且活塞闭锁要求不高的场合。

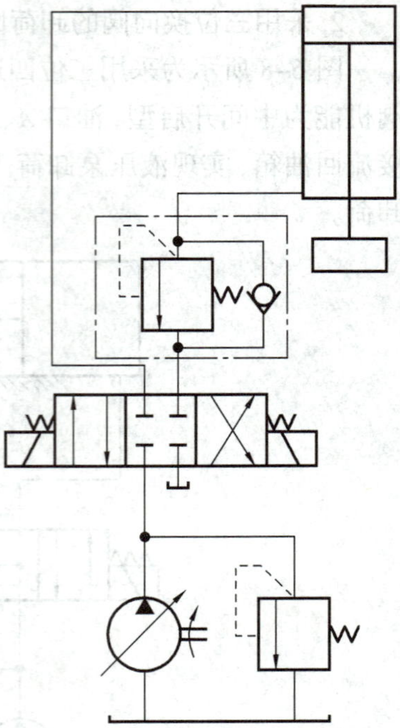

图 6-10　采用单向顺序阀的平衡回路

任务二　速度控制回路

【教学目标】

1 掌握调速回路的工作原理。

2. 掌握快速运动回路的工作原理。

3. 掌握速度换接回路的工作原理。

【相关知识】

速度控制回路是用来控制和调节执行元件速度的基本回路，它包括调速回路、快速运动回路和速度换接回路。

一、调速回路

调速回路有节流调速、容积调速和容积节流调速等三种。

节流调速：采用定量泵供油，由流量控制阀改变进入执行元件的流量来实现调速的方法。

容积调速：采用变量泵或变量马达实现调速的方法。

容积节流调速：采用变量泵和流量控制阀相配合的调速方法。

1. 节流调速回路

定量泵节流调速是在定量液压泵供油的液压系统中安装节流阀来调节进入液压缸的油液流量，从而调节执行元件的工作行程速度。根据节流阀在油路中安装位置的不同，可分

为进油节流调速 、回油节流调速和旁路节流调速等多种形式。常用的是进油节流调速与回油节流调速两种回路。

（1）进油节流调速回路：进油节流调速回路是将节流阀装在执行机构的进油路上，其调速原理如图 6-11 所示。

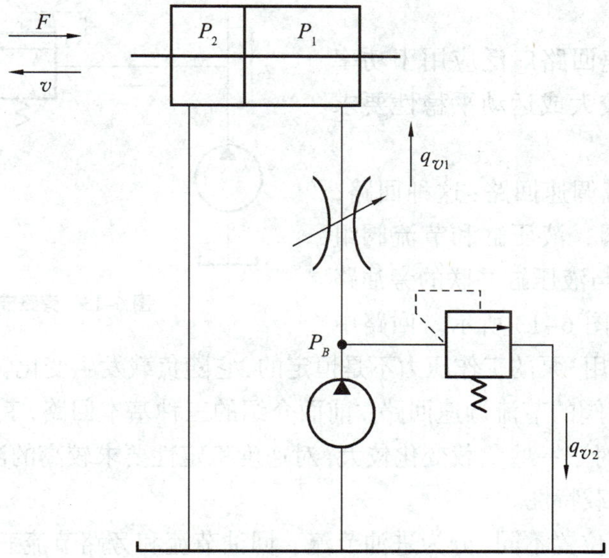

图 6-11　进油节流调速回路

进油节流调速回路的优点是：液压缸回油腔和回油管中压力较低，当采用单杆活塞杆液压缸，使油液进入无杆腔中时，其有效工作面积较大，可以得到较大的推力和较低的运动速度，这种回路多用于要求冲击小、负载变动小的液压系统中。

（2）回油节流调速回路：把流量控制阀装在执行元件的回油路上的调速回路称为回油节流调速回路，其调速原理如图 6-12 所示。

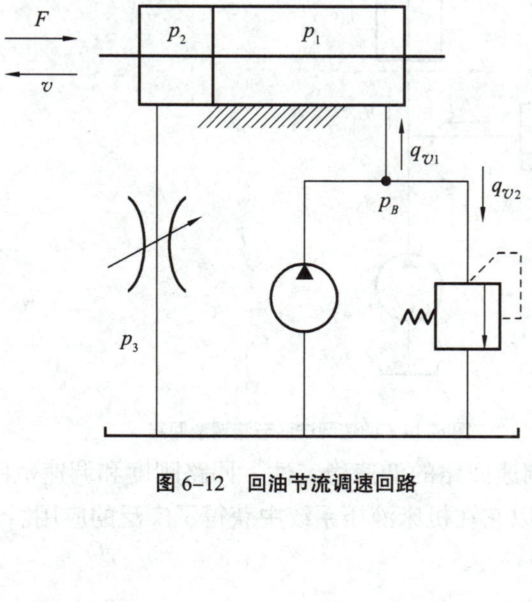

图 6-12　回油节流调速回路

回油节流调速回路的优点是：节流阀在回油路上可以产生背压，相对进油调速而言，运动比较平稳，常用于负载变化较大，要求运动平稳的液压系统中。而且在活塞截面积一定时，活塞移动速度 v 随负载 F 的增加而减小。

回油节流调速回路广泛应用于功率不大、负载变化较大或运动平稳性要求较高的液压系统中。

（3）旁路节流调速回路：这种回路，由定量泵、安全阀、液压缸和节流阀组成，节流阀安装在与液压缸并联的旁油路上，其调速原理如图 6-13 所示。回路中溢流阀起安全阀作用，泵的工作压力不是恒定的，它随负载发生变化。

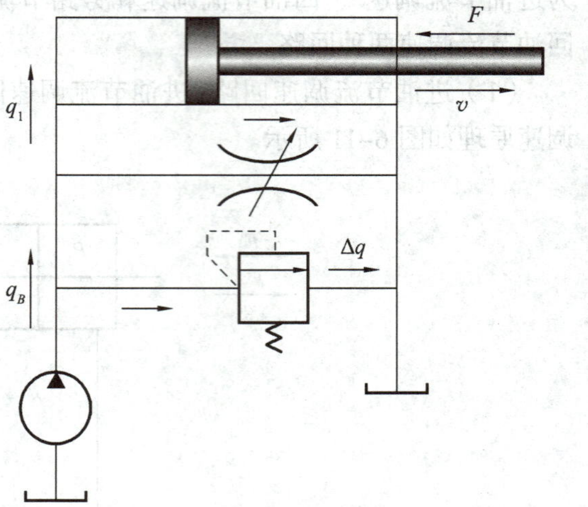

图 6-13 旁路节流调速回路

（4）采用调速阀的节流调速回路：前面介绍的三种基本回路，其速度的稳定性均随负载的变化而变化，对于一些负载变化较大，对速度稳定性要求较高的液压系统，可采用调速阀来改善速度 - 负载特性。

按调速阀安装位置不同，分为进油节流、回油节流和旁路节流三种基本调速回路。调速阀进油节流调速回路的原理如图 6-14 所示。

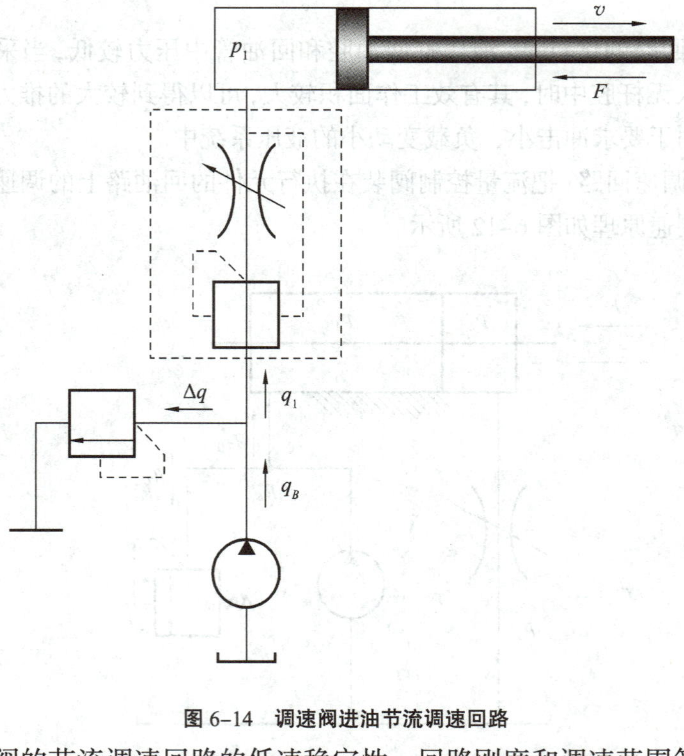

图 6-14 调速阀进油节流调速回路

采用调速阀的节流调速回路的低速稳定性、回路刚度和调速范围等，要比采用节流阀的节流调速回路都好，所以它在机床液压系统中获得了广泛的应用。

2. 容积调速回路

图 6–15 所示为使用变量液压泵的调速回路，属于容积调速回路，它通过改变变量液压泵的输出流量来实现调节执行元件的运动速度的功能。

液压系统工作时，变量液压泵输出的压力油液全部进入液压缸。调节变量液压泵的输出流量，就可以改变活塞的运动速度，实现调速。

与节流调速相比较，采用变量泵的容积调速具有压力损耗和流量损耗小的优点，因而回路发热量小，效率高，适用于功率较大的液压系统中。其缺点是变量液压泵结构复杂，价格较高，维修较困难。

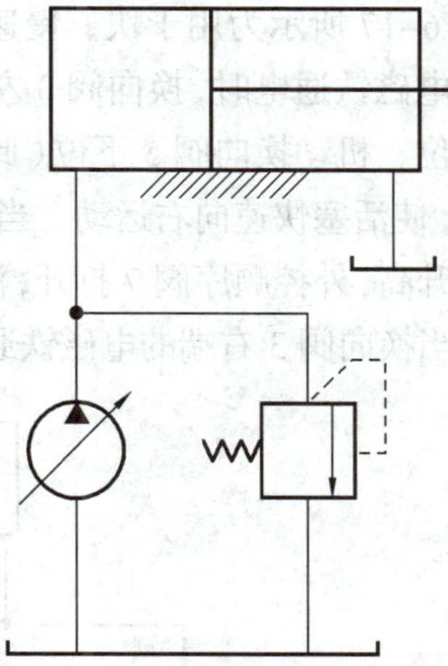

图 6–15　使用变量泵的容积调速回路

3. 容积节流调速回路

用变量液压泵和节流阀（或调速阀）相配合进行调速的方法称为容积节流调速回路。图 6–16 所示为由限压式变量叶片泵和调速阀组成的复合调速回路，调节调速阀节流口的开口大小，就能改变进入液压缸的流量，从而改变液压缸活塞的运动速度。

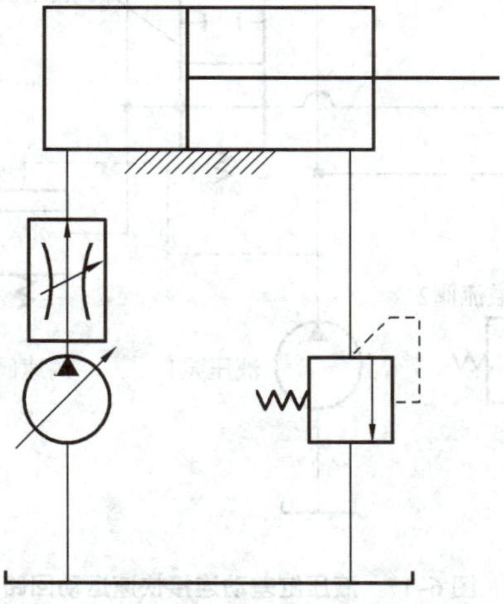

图 6–16　由变量液压泵和调速阀组成的复合调速回路

在这种回路中，泵的输出流量能自动与调速阀调节的流量相适应，只有节流损失，没有溢流损失，因此效率高，发热量小。同时，采用调速阀，液压缸的运动速度基本不受负载变化的影响，即使在较低的运动速度下工作，运动也较稳定。这种调速回路不宜用于负载变化大且大部分时间在低负载下工作的场合。

二、快速运动回路

为了提高生产效率，机床工作部件常常要求实现空行程（或空载）的快速运动，这时要求液压系统流量大而压力低。常见的快速运动回路有以下几种：

1. 液压缸差动连接快速运动回路

这是在不增加液压泵输出流量的情况下，来提高工作部件运动速度的一种快速回路，其实质是改变了液压缸的有效作用面积。

图 6-17 所示为用于快、慢速转换的，其中快速运动采用差动连接的回路。当换向阀 3 左端的电磁铁通电时，换向阀 3 左位进入系统，液压泵 1 输出的压力油同缸右腔的油经换向阀 3 左位、机动换向阀 5 下位（此时外控顺序阀 7 关闭）也进入液压缸 4 的左腔，实现了差动连接，使活塞快速向右运动。当快速运动结束，工作部件上的挡铁压下机动换向阀 5 时，泵的压力升高，外控顺序阀 7 打开，液压缸 4 右腔的回油只能经调速阀 6 流回油箱，这时是工作进给。当换向阀 3 右端的电磁铁通电时，活塞向左快速退回（非差动连接）。

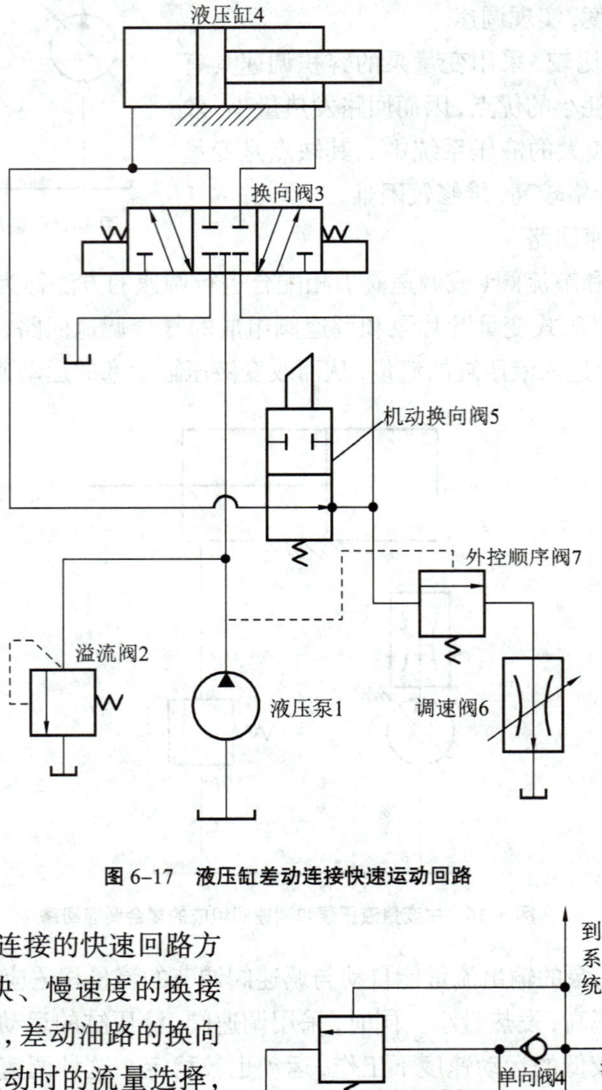

图 6-17　液压缸差动连接快速运动回路

采用液压缸差动连接的快速回路方法简单，较经济，但快、慢速度的换接不够平稳。必须注意，差动油路的换向阀和油管通道应按差动时的流量选择，不然流动液阻过大，会使液压泵的部分油从溢流阀流回油箱，速度减慢，甚至不起差动作用。

2. 双泵供油的快速运动回路

双泵供油回路是利用低压大流量泵和高压小流量泵并联为系统供油，如图 6-18 所示。

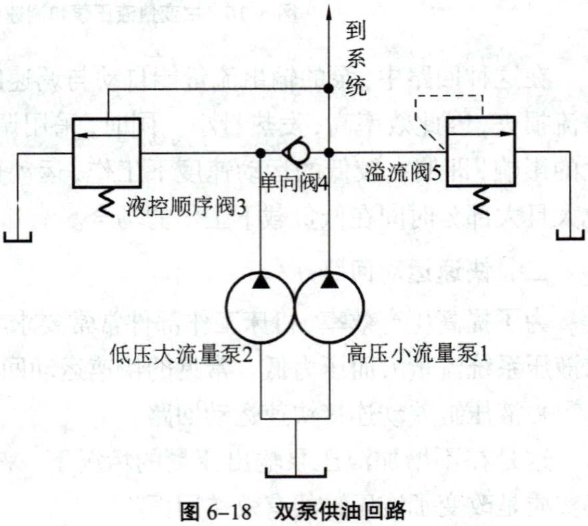

图 6-18　双泵供油回路

图 6–18 中 1 为高压小流量泵，用以实现工作进给运动。2 为低压大流量泵，用以实现快速运动。在快速运动时，液压泵 2 输出的油经单向阀 4 和液压泵 1 输出的油共同向系统供油。在工作进给时，系统压力升高，打开液控顺序阀（卸荷阀）3 使液压泵 2 卸荷，此时单向阀 4 关闭，由液压泵 1 单独向系统供油。溢流阀 5 控制液压泵 1 的供油压力是根据系统所需最大工作压力来调节的，而卸荷阀 3 使液压泵 2 在快速运动时供油，在工作进给时则卸荷，因此它的调整压力应比快速运动时系统所需的压力要高，但比溢流阀 5 的调整压力低。

双泵供油回路功率利用合理、效率高，并且速度换接较平稳，在快、慢速度相差较大的机床中应用很广泛，缺点是要用一个双联泵，油路系统也稍复杂。

三、速度换接回路

速度换接回路用来实现运动速度的变换，即在原来设计或调节好的几种运动速度中，从一种速度换成另一种速度。对这种回路的要求是速度换接要平稳，即不允许在速度变换的过程中有前冲（速度突然增加）现象。下面介绍几种回路的换接方法及特点。

1. 快速运动和工作进给运动的换接回路

图 6–19 所示为用单向行程节流阀换接快速运动（简称快进）和工作进给运动（简称工进）的速度换接回路。在图示位置，液压缸 3 右腔的回油可经行程阀 4 和换向阀 2 流回油箱，使活塞快速向右运动。当快速运动到达所需位置时，活塞上挡块压下行程阀 4，将其通

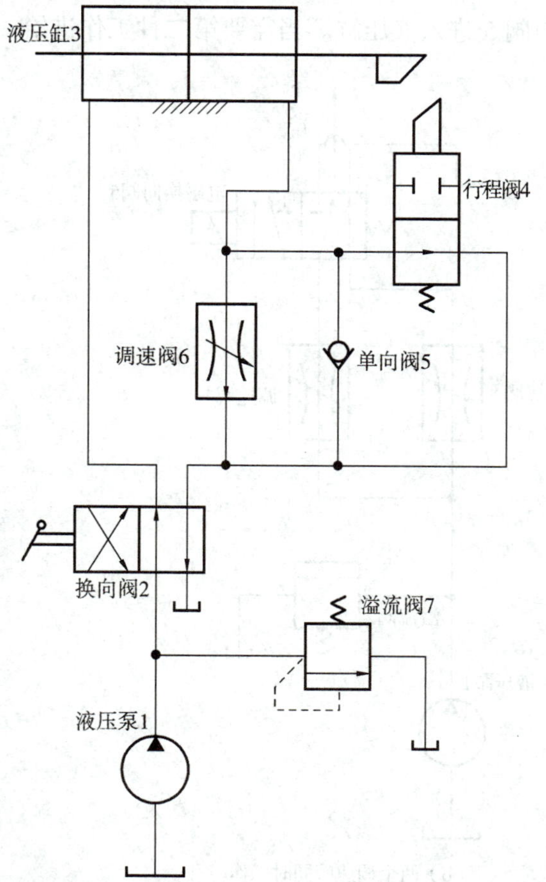

图 6–19　用行程节流阀的速度换接回路

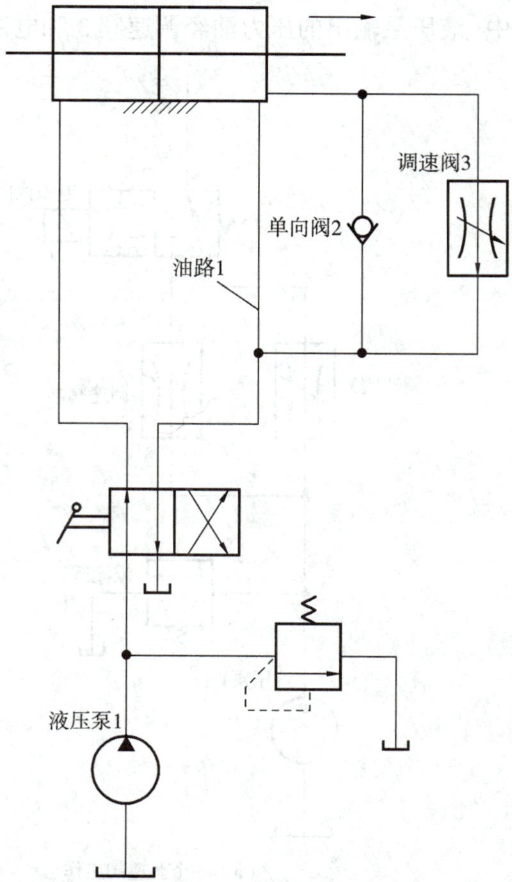

图 6–20　利用液压缸自身结构的速度换接回路

路关闭，这时液压缸3右腔的回油就必须经过调速阀6流回油箱，活塞的运动转换为工作进给运动（简称工进）。当操纵换向阀2使活塞换向后，压力油可经换向阀2和单向阀5进入液压缸3右腔，使活塞快速向左退回。

在这种速度换接回路中，因为行程阀的通油路是由液压缸活塞的行程控制阀芯移动而逐渐关闭的，所以换接时的位置精度高，冲出量小，运动速度的变换也比较平稳。这种回路在机床液压系统中应用较多，它的缺点是行程阀的安装位置受一定限制（要由挡铁压下），所以有时管路连接稍复杂。行程阀也可以用电磁换向阀来代替，这时电磁阀的安装位置不受限制（挡铁只需要压下行程开关），但其换接精度及速度变换的平稳性较差。

图6–20所示为利用液压缸本身的管路连接实现的速度换接回路。在图示位置时，活塞快速向右移动，液压缸右腔的回油经油路1和换向阀流回油箱。当活塞运动到将油路1封闭后，液压缸右腔的回油须经调速阀3流回油箱，活塞则由快速运动变换为工作进给运动。

该回路方法简单，换接较可靠，但速度换接的位置不能调整，工作行程也不能过长，以免活塞过宽，仅适用于工作情况固定的场合。也可作为活塞运动到达端部时的缓冲制动回路。

2. 两种工作进给速度的换接回路

对于某些自动机床、注塑机等，需要在自动工作循环中变换两种以上的工作进给速度，这时需要采用两种（或多种）工作进给速度的换接回路。

图6–21所示为两个调速阀并联以实现两种工作进给速度换接的回路。在图6–21（a）中，液压泵输出的压力油经调速阀3和电磁换向阀5进入液压缸。当需要第二种工作进给

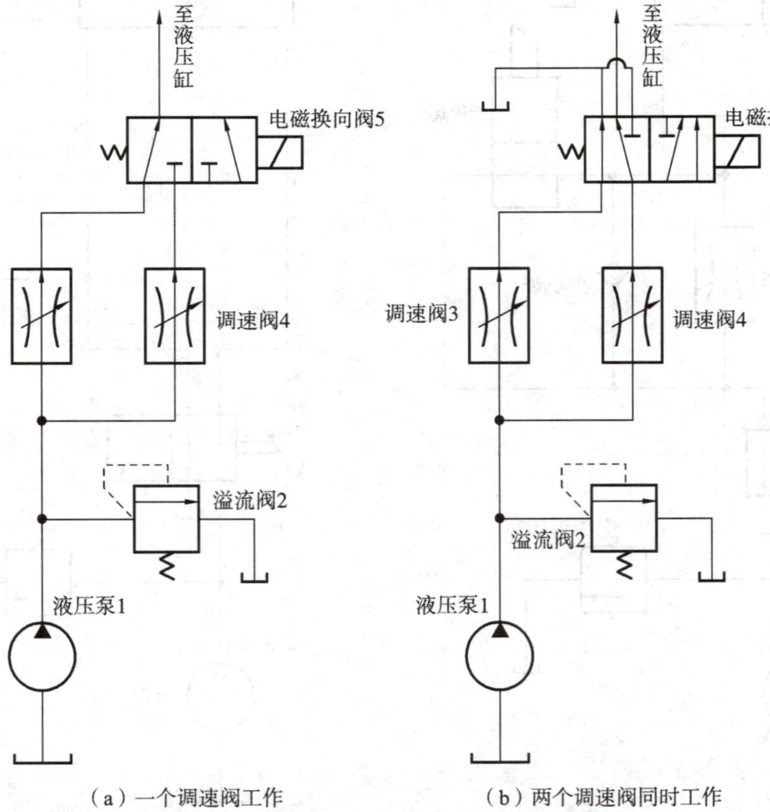

图6–21 两个调速阀并联式速度换接回路

速度时，电磁换向阀 5 通电，其右位接入回路，液压泵输出的压力油经调速阀 4 和电磁换向阀 5 进入液压缸。这种回路中两个调速阀的节流口可以单独调节，互不影响，即第一种工作进给速度和第二种工作进给速度相互间没有什么限制。但一个调速阀工作时，另一个调速阀中没有油液通过，它的减压阀则处于完全打开的位置，在速度换接开始的瞬间不能起减压作用，容易出现部件突然前冲的现象。

图 6-21（b）所示为另一种调速阀并联的速度换接回路。在这个回路中，两个调速阀始终处于工作状态，在由一种工作进给速度转换为另一种工作进给速度时，不会出现工作部件突然前冲的现象，因而工作可靠。但是液压系统在工作中总有一定量的油液通过不起调速作用的那个调速阀流回油箱，造成能量损失，使系统发热。

任务三　方向控制回路

【教学目标】

1. 掌握方向控制回路的种类及使用场合。
2. 掌握换向回路的工作原理。
3. 掌握锁紧回路的工作原理。

【相关知识】

在液压系统中，起控制执行元件的启动、停止及换向作用的回路，称为方向控制回路。方向控制回路有换向回路和锁紧回路。

一、换向回路

电磁换向阀的换向回路应用最为广泛，对于流量较大和换向平稳性要求较高的场合，电磁换向阀的换向回路已不能适应上述要求，往往采用手动换向阀或机动换向阀作先导阀，而以液动换向阀为主阀的换向回路，或者采用电液动换向阀的换向回路。

二、锁紧回路

为了使工作部件能在任意位置上停留，以及在停止工作时，防止在受力的情况下发生飘移或窜动，使其准确停留在原定位置上，可以采用锁紧回路。

锁紧回路的基本原理是采用一定方法将液压缸的进、回油口同时封闭起来，使液压缸既不能进油，也不能排油，从而达到锁紧的目的。

采用 O 型或 M 型机能的三位换向阀，当阀

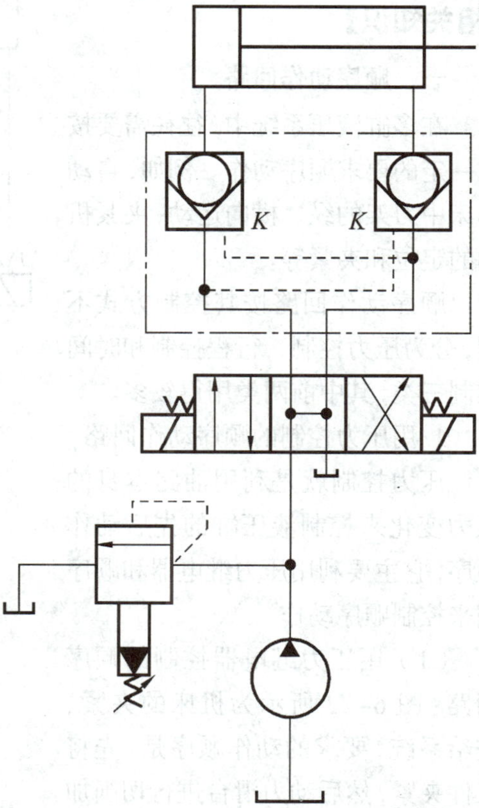

图 6-22　采用液控单向阀的锁紧回路

芯处于中位时，液压缸的进、出口都被封闭，可以将活塞锁紧，这种锁紧回路由于受到滑阀泄漏的影响，锁紧效果较差。

图 6–22 所示为采用液控单向阀的锁紧回路。在液压缸的进、回油路中都串接液控单向阀（又称液压锁），活塞可以在行程的任何位置锁紧。其锁紧精度只受液压缸内少量的内泄漏影响，因此，锁紧精度较高。采用液控单向阀的锁紧回路，换向阀的中位机能应使液控单向阀的控制油液卸压（换向阀采用 H 型或 Y 型），此时，液控单向阀便立即关闭，活塞停止运动。假如采用 O 型机能，在换向阀中位时，由于液控单向阀的控制腔压力油被闭死而不能使其立即关闭，直至由换向阀的内泄漏使控制腔泄压后，液控单向阀才能关闭，影响其锁紧精度。

任务四　多缸工作控制回路

【教学目标】

1. 掌握顺序动作回路的工作原理。
2. 掌握同步回路的工作原理。
3. 掌握多缸快慢速互不干扰回路的工作原理。

【相关知识】

一、顺序动作回路

在多缸液压系统中，往往需要按照一定的要求顺序动作。例如，自动车床中刀架的纵、横向运动，夹紧机构的定位和夹紧等。

顺序动作回路按其控制方式不同，分为压力控制、行程控制和时间控制三类，其中前两类用得较多。

1. 用压力控制的顺序动作回路

压力控制就是利用油路本身的压力变化来控制液压缸的先后动作顺序，它主要利用压力继电器和顺序阀来控制顺序动作。

（1）用压力继电器控制的顺序回路：图 6–23 所示为机床的夹紧、进给系统，要求的动作顺序是：先将工件夹紧，然后动力滑台进行切削加工，动作循环开始时，二位四通电磁

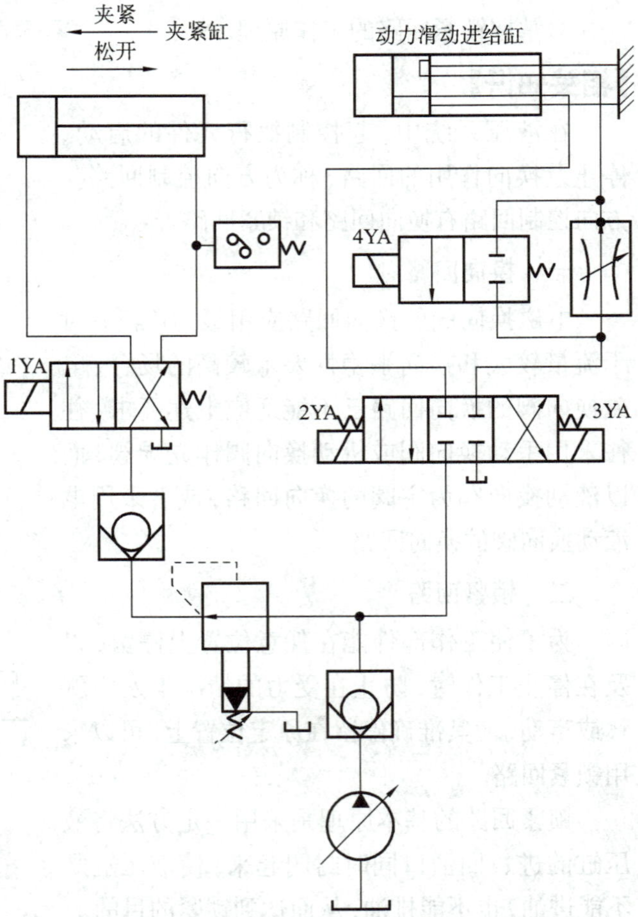

图 6–23　压力继电器控制的顺序回路

阀处于图示位置，液压泵输出的压力油进入夹紧缸的右腔，左腔回油，活塞向左移动，将工件夹紧。夹紧后，液压缸右腔的压力升高，当油压超过压力继电器的调定值时，压力继电器发出讯号，指令电磁阀的电磁铁 2YA、4YA 通电，进给液压缸动作（其动作原理详见速度换接回路）。油路中要求先夹紧后进给，工件没有夹紧则不能进给，这一严格的顺序是由压力继电器保证的。压力继电器的调整压力应比减压阀的调整压力低 3×10^5~5×10^5 Pa。

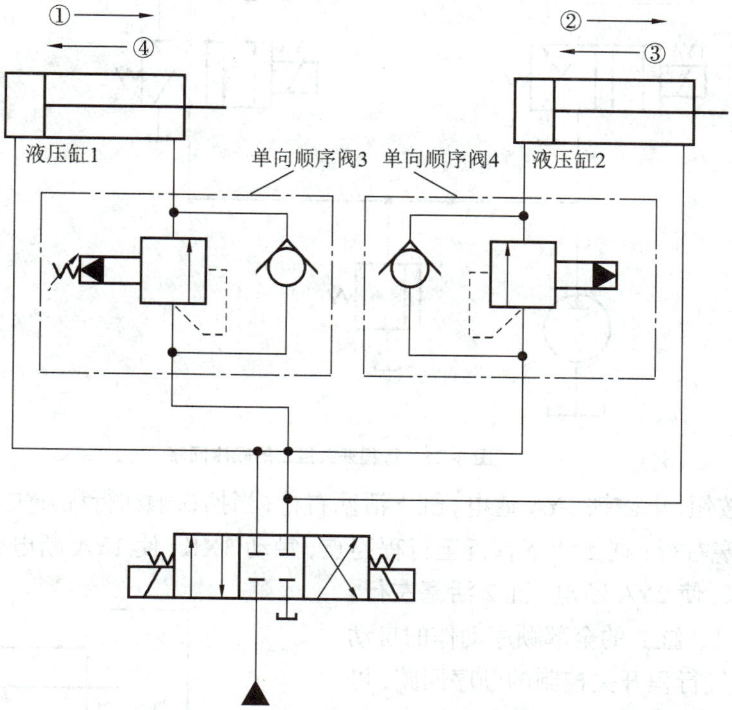

图 6-24　顺序阀控制的顺序回路

（2）用顺序阀控制的顺序动作回路：图 6-24 所示为采用两个单向顺序阀的压力控制顺序动作回路。其中单向顺序阀 4 控制两液压缸前进时的先后顺序，单向顺序阀 3 控制两液压缸后退时的先后顺序。当电磁换向阀左侧电磁铁通电时，压力油进入液压缸 1 的左腔，右腔经阀 3 中的单向阀回油，此时由于压力较低，顺序阀 4 关闭，缸 1 的活塞先动。当液压缸 1 的活塞运动至终点时，油压升高，达到单向顺序阀 4 的调定压力时，顺序阀开启，压力油进入液压缸 2 的左腔，右腔直接回油，缸 2 的活塞向右移动。当液压缸 2 的活塞右移达到终点后，电磁换向阀右侧电磁铁通电，右位接通，此时压力油进入液压缸 2 的右腔，左腔经阀 4 中的单向阀回油，使缸 2 的活塞向左返回，到达终点时，压力油升高打开顺序阀 3 再使液压缸 1 的活塞返回。至此，完成图示①－②－③－④的顺序动作。

这种回路的可靠性差，受顺序阀的性能及其压力调整值影响。顺序阀的调整压力应比先动作的液压缸的工作压力高 8×10^5~10×10^5 Pa，以免在系统压力波动时，发生误动作。

2. 用行程控制的顺序动作回路

行程控制顺序动作回路是利用工作部件到达一定位置时，发出讯号来控制液压缸的先后动作顺序，它可以利用行程开关、行程阀或顺序缸来实现。

图 6-25 所示为利用电气行程开关来控制电磁阀先后换向的顺序动作回路。其动作顺

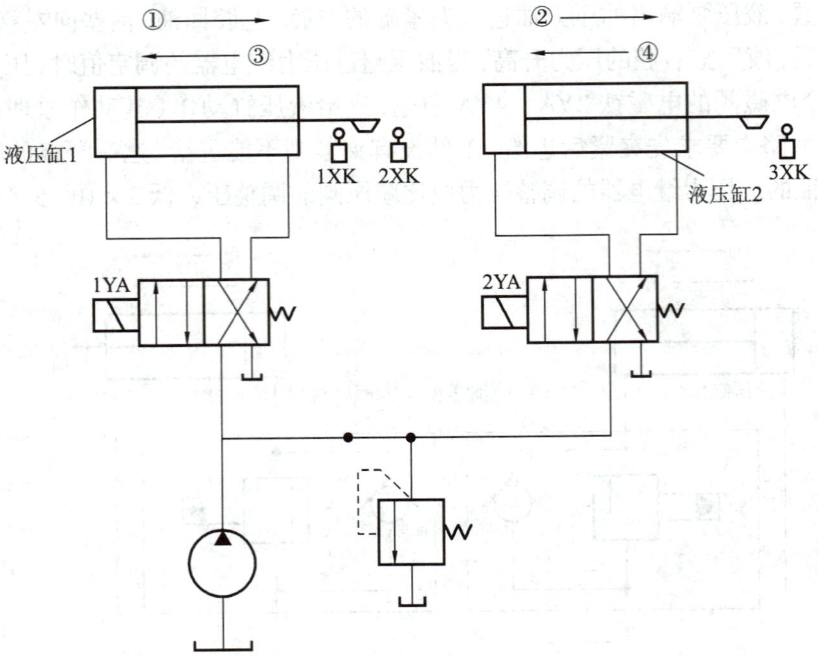

图 6-25　行程开关控制的顺序回路

序是：按启动按钮，电磁铁 1YA 通电，缸 1 活塞右行；当挡铁触动行程开关 2XK 时，使 2YA 通电，缸 2 活塞右行；缸 2 活塞右行至行程终点，触动 3XK，使 1YA 断电，缸 1 活塞左行；而后触动 1XK，使 2YA 断电，缸 2 活塞左行，至此完成了缸 1、缸 2 的全部顺序动作的自动循环。采用电气行程开关控制的顺序回路，可方便地调整行程大小和改变动作顺序，并可利用电气互锁使动作顺序可靠。

二、同步回路

使两个或两个以上的液压缸，在运动中保持相同位移或相同速度的回路称为同步回路。

在一泵多缸的系统中，尽管液压缸的有效工作面积相等，但是由于运动中所受负载不均衡，摩擦阻力不等，泄漏量不同以及制造误差等，影响液压缸同步动作。同步回路可以克服这些影响，补偿它们在流量上所造成的变化。

1. 串联液压缸的同步回路

图 6-26 所示为串联液压缸的同步回路。图中第一个液压缸回油腔排出的油液，被送入第二个液压缸的进油腔。如果串联油腔活塞的有效面积相等，就可实现同步运动。这种回路两缸能承受不同的负载，但泵的供油压力要

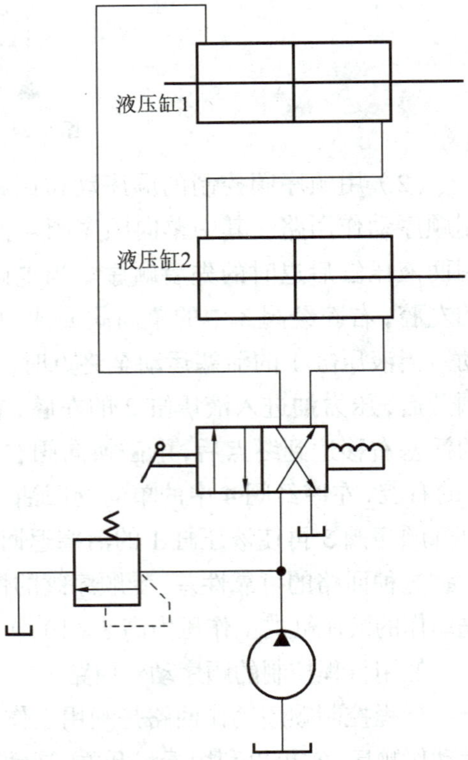

图 6-26　串联液压缸的同步回路

大于两缸工作压力之和。

泄漏和制造误差会影响串联液压缸的同步精度，当活塞往复多次后，会产生严重的失调现象，为此要采取补偿措施。图 6-27 所示是两个单作用缸串联，并带有补偿装置的同步回路。为了达到同步运动，液压缸 1 有杆腔 *A* 的有效面积应与液压缸 2 无杆腔 *B* 的有效面积相等。在活塞下行的过程中，如液压缸 1 的活塞先运动到底，触动行程开关 1XK 发讯，使电磁铁 1YA 通电，此时压力油便经过二位三通电磁阀 3、液控单向阀 5，向液压缸 2 的 *B* 腔补油，使液压缸 2 的活塞继续运动到底。如果液压缸 2 的活塞先运动到底，触动行程开关 2XK，使电磁铁 2YA 通电，此时压力油便经二位三通电磁阀 4 进入液控单向阀的控制油口，液控单向阀 5 反向导通，使液压缸 1 能通过液控单向阀 5 和二位三通电磁阀 3 回油，使液压缸 1 的活塞继续运动到底，对失调现象进行补偿。

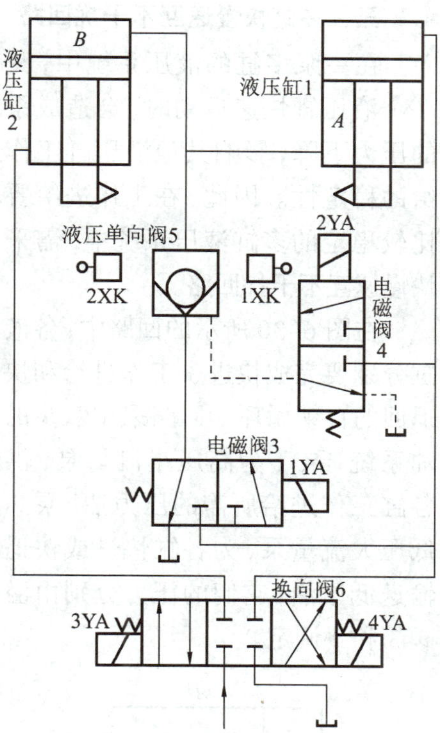

图 6-27　采用补偿措施的串联液压缸同步回路

2. 流量控制式同步回路

（1）用调速阀控制的同步回路：图 6-28 所示为两个并联的液压缸，分别用调速阀控制的同步回路。两个调速阀分别调节两缸活塞的运动速度，当两缸有效面积相等时，则流量也调整得相同；若两缸面积不等，则改变调速阀的流量也能达到同步的运动。

用调速阀控制的同步回路，结构简单，并且可以调速，但是由于受到油温变化以及调速阀性能差异等影响，同步精度较低，一般在 5%~7% 左右。

（2）用电液比例调速阀控制的同步回路：图 6-29 所示为用电液比例调整阀实现同步运动的回路。回路中使用了一个普通调速阀 1 和一个比例调速阀 2，它们装在由多个单向阀组成的桥式回路中，并分别控制着液压缸 3 和 4 的运动。当两个活塞出现位置误差时，检测装置就会发出讯号，调节比例调速阀的开度，使缸 4 的活塞跟上缸 3 活塞的运动而实现同步。这种回路的同步精度较高，位置精度可达 0.5 mm，已能满足大多数工作部件所要求的同步精度。比例阀性能虽然比不上伺服阀，但费用低，系统对环境适应性强，用它来实现同步控制是一个新的发展方向。

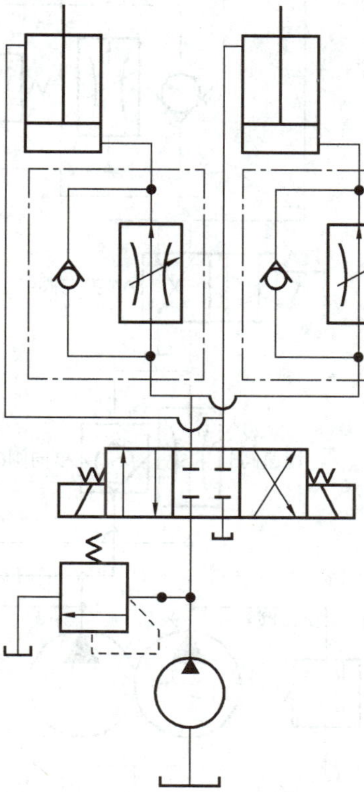
图 6-28　调速阀控制的两个并联液压缸同步回路

三、多缸快慢速互不干扰回路

在一泵多缸的液压系统中，其中一个液压缸快速运动时，会造成系统的压力下降，影响其他液压缸工作进给的稳定性。因此，在工作进给要求比较稳定的多缸液压系统中，需采用快慢速互不干扰回路。

在图 6-30 所示的回路中，各液压缸分别要完成快进、工作进给和快速退回的自动循环。回路采用双泵的供油系统，泵 1 为高压小流量泵，供给各缸工作进给所需的压力油；泵 2 为低压大流量泵，为各缸快进或快退时输送低压油，它们的压力分别由溢流阀 3 和 4 调定。

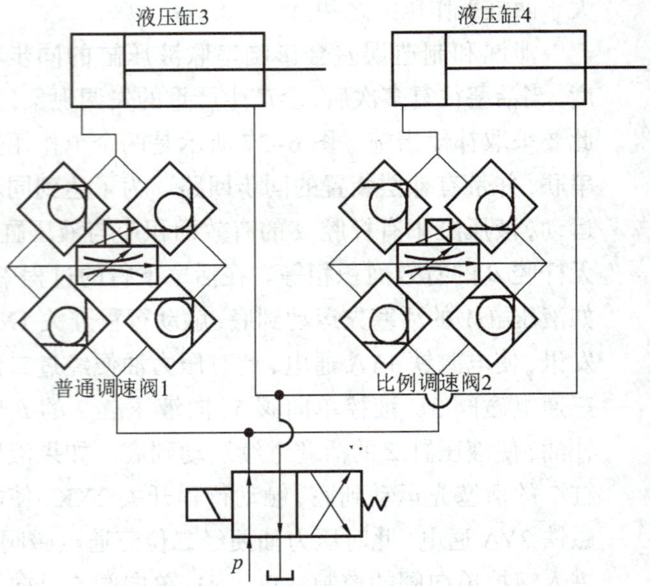

图 6-29 电液比例调整阀控制式同步回路

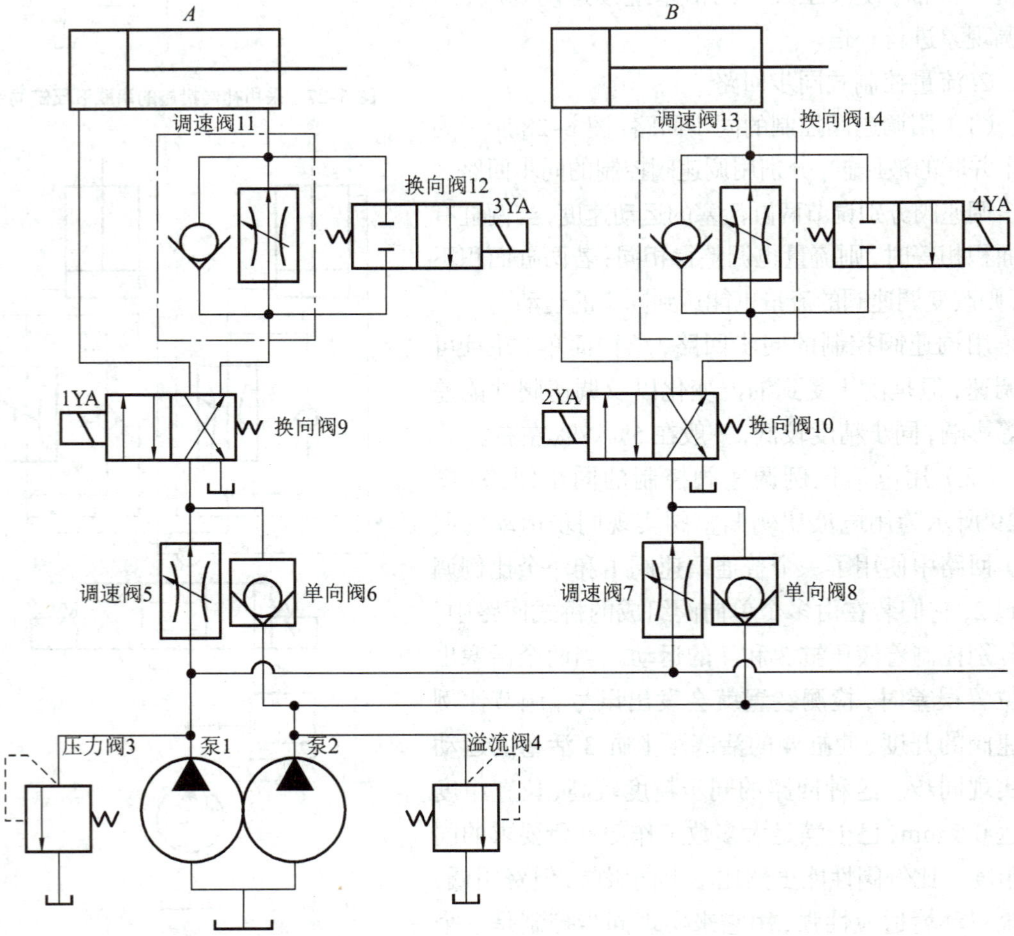

图 6-30 多缸快慢速互不干扰回路

当开始工作时，电磁阀 1YA、2YA 和 3YA、4YA 同时通电，液压泵 2 输出的压力油经单向阀 6 和 8 进入液压缸的左腔，此时两泵供油使各活塞快速前进。当电磁铁 3YA、4YA 断电后，由快进转换成工作进给，单向阀 6 和 8 关闭，工进所需压力油由液压泵 1 供给。如果其中某一液压缸（例如缸 *A*）先转换成快速退回，即换向阀 9 失电换向，泵 2 输出的油液经单向阀 6、换向阀 9 和单向调速阀 11 的单向元件进入液压缸 *A* 的右腔，左腔经换向阀回油，使活塞快速退回。而其他液压缸仍由泵 1 供油，继续进行工作进给。这时，调速阀 5（或 7）使泵 1 仍然保持溢流阀 3 的调整压力，不受快退的影响，防止了相互干扰。在回路中，调速阀 5 和 7 的调整流量应适当大于单向调速阀 11 和 13 的调整流量，这样，工作进给的速度由阀 11 和 13 来决定，这种回路可以用在具有多个工作部件各自分别运动的机床液压系统中。换向阀 10 用来控制 *B* 缸换向，换向阀 12、14 分别控制 *A*、*B* 缸快速进给。

相关实验

液压基本回路的调试

一、实验目的

1. 熟悉液压基本回路的组成。
2. 熟悉液压基本回路的调试方法。

二、实验器材

液压实验台（必须包括液压泵、溢流阀、换向阀、单向节流阀或调速阀、单出或双出杆液压缸及辅助元件等基本液压元件）

三、实验步骤

根据所使用液压实验台的组成和功能，设计一个由调压回路、换向回路、速度换接回路等基本回路组成的简单液压系统。要求实现压力调定、换向、“快进—工进—快退”速度换接的功能。

1. 安装所设计的液压系统

安装过程中应注意以下问题：

（1）油管的安装：管接头要紧固、密封，不得漏气；泵的吸油高度尽量小；吸油管下要安装滤油器，以保证油液清洁；回油管应插入油面之下，防止产生气泡；溢流阀的回油口不应与泵的吸油口接近，避免油液温升过高。

（2）液压元件的安装：液压元件安装时，应用干净的煤油清洗；方向控制阀一般应保持轴线水平安装；要注意密封元件是否符合要求，安装时应保证安装后有一定的压缩量，以防泄漏；安装板式元件时，几个紧固螺钉要均匀拧紧，保证安装平面与元件底板平面全面接触。

（3）液压泵的安装：液压泵传动轴与电动机轴一般采用挠性联轴器连接，同轴度偏差应小于 0.1 mm；液压泵的旋转方向和进、出油口不得接反。

2. 调试所安装的液压系统

调试过程中应注意以下问题：

（1）油箱中的油要加到规定高度。

（2）将系统中的溢流阀的调压弹簧松开。

（3）检查泵的安装有无问题，若正常，可向液压泵中灌油，然后启动电动机使液压泵运转，观察溢流阀的出油口有无油液排出，如果无油液排出，说明泵未能正常工作，需要对泵进行检查，如有油液排出，可继续进行调试。

（4）调节系统压力。逐渐拧紧溢流阀的调压弹簧，使压力表所显示的压力值逐步达到所设计的规定值。

（5）排出系统中的空气。

（6）调节工作速度。调节节流阀的阀口开度，观察液压缸的运行速度和速度换接情况。调好速度后，将调节螺母紧固。

（7）启动系统工作并观察系统运行状况。

四、讨论

1. 调试所安装的液压系统时，为什么要先将系统中的溢流阀的调压弹簧松开？
2. 溢流阀在系统中起什么作用？
3. 如果不小心将节流阀的阀口完全关闭，会发生什么情况？

思考练习题

一、填空题

1. 液压基本回路是指由几种液压元件组成的用来完成 ______ 的回路。液压基本回路可分为 ______、______、______ 和 ______ 回路。
2. 保压回路的功能是使系统在 ______ 不动的情况下，保持稳定不变的压力。
3. 增压回路中提高压力的主要元件是 ______ 或增压器。
4. 利用各种压力阀控制系统或系统某一部分油液压力的回路称为 ______ 回路。
5. 减压回路主要由 ______ 组成。
6. 当减压回路中的执行元件需要调速时，调速元件应放在减压阀的 ______。
7. 采用 ______ 回路可以避免液压泵频繁启闭，减小功率损耗，降低系统发热，延长液压泵和电机的使用寿命。
8. 平衡回路的功能是使执行元件的回油路上保持一定的 ______，以平衡重力负载，使之不会因自重而自行下落。
9. 速度控制回路是用来控制和调节执行元件速度的基本回路，它包括 __________ 回路、__________ 回路和 __________ 回路。
10. 调速回路有 ______、______ 和 ______ 等三种。
11. 节流调速回路根据节流阀在油路中安装位置的不同，可分为 ______、______、______

等多种形式。

12. 用变量液压泵和节流阀（或调速阀）相配合进行调速的方法称为 ______。
13. 方向控制回路有换向回路和 ______。
14. 为了使工作部件能在任意位置上停留，以及在停止工作时防止在受力的情况下发生移动，可以采用 ______。
15. 顺序动作回路按其控制方式不同，分为压力控制、______ 和时间控制三类，其中前两类用得较多。
16. 使两个或两个以上的液压缸在运动中保持相同位移或相同速度的回路称为 ______。

二、判断题

1. 增压回路是用来使局部油路或个别执行元件得到比主系统油压高得多的压力。（ ）
2. 调压回路主要由溢流阀组成。（ ）
3. 使减压回路工作可靠，减压阀最低调定压力不应小于 0.5 MPa，最高调定压力至少比系统压力小 0.5 MPa。（ ）
4. 在液压系统中，采用增压回路比选用高压大流量泵经济得多。（ ）
5. 采用增压液压缸的增压回路为单作用增压回路。（ ）
6. 采用调速阀的节流调速回路的低速稳定性、回路刚度和调速范围等要比采用节流阀的节流调速回路都差。（ ）
7. 使用变量泵的调速回路，属于容积调速回路，它通过改变泵的输出流量调节执行元件的运动速度。（ ）
8. 对速度换接回路的要求是速度换接要平稳，允许在速度变换的过程中有速度突然增加的现象。（ ）
9. 采用 O 型或 M 型机能的三位换向阀，当阀芯处于中位时，液压缸的进、出口都被封闭，可以将活塞锁紧。（ ）

三、简答题

1. 为什么要在系统中使用卸荷回路？
2. 压力控制回路有哪几种？分别使用在什么场合？
3. 采用单向顺序阀的平衡回路适应于什么场合？
4. 进油节流调速回路的优点是什么？适应于什么场合？
5. 回油节流调速回路的优点是什么？适应于什么场合？
6. 采用液压缸差动连接的快速回路有何特点？
7. 双泵供油的快速运动回路有何特点？
8. 试举出两种快速运动和工作进给运动的换接回路，并说明其工作原理。
9. 试说出两种速度换接回路的名称，并描述其工作过程。

四、选择题

1. 液压调压回路所使用的安全阀的作用是（ ）

A. 背压　　B. 稳定工作压力

C. 卸荷　　D. 限定系统最高压力

2. 卸荷回路（　　）
A. 可节省动力消耗，减少系统发热，延长液压泵寿命
B. 可用中位机能为 O 或 M 型换向阀来实现
C. 可使控制系统获得较低的工作压力
D. 不可用换向阀来实现卸荷

3. 如个别元件需要得到比系统油压高得多的压力时，可采用（　　）
A. 调压回路　　B. 减压回路
C. 增压回路　　D. 多级压力回路

4. 下列元件中不能实现回路保压的是（　　）
A. 蓄能器　　B. 增压缸
C. 变量泵　　D. 定量泵组合

5. 限压式变量泵和调速阀组成的回路称为（　　）
A. 节流调速回路　　B. 容积调速回路
C. 容积节流调速回路　　D. 调压回路

6. 图 6–31 所示的液压系统是由以下哪几个基本回路组成的？
A. 调压、换向、卸载
B. 调压、换向、闭锁
C. 调压、换向、调速
D. 调压、调速

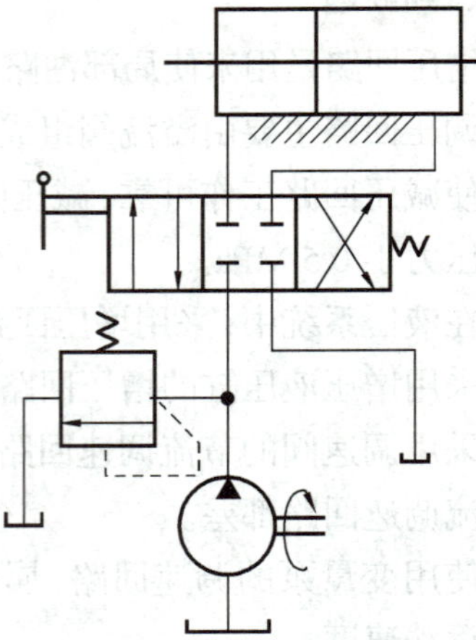
图 6–31　液压基本回路

五、分析题

1. 图 6–32 所示的液压回路中包含哪几种基本回路？试填写其电磁铁动作顺序表。

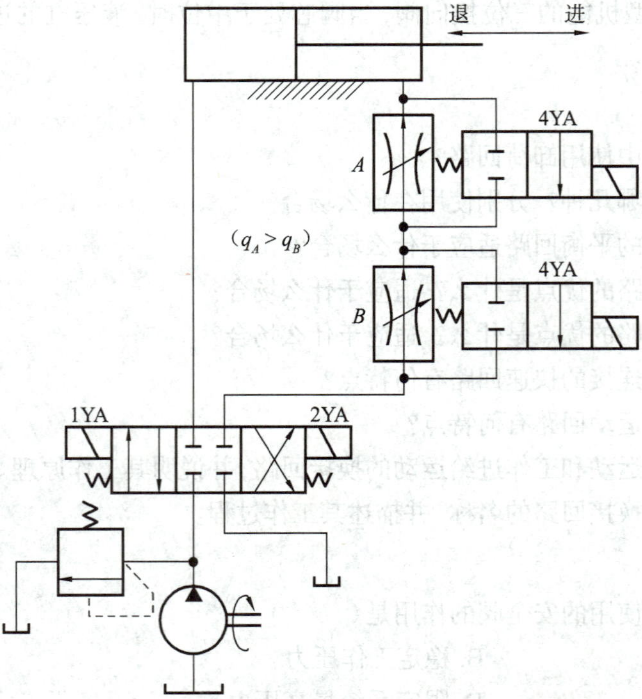

图 6–32　液压回路

动作 \ 电磁铁	1YA	2YA	3YA	4YA
快　进				
一工进				
二工进				
快　退				

2. 分析图 6-33 所示液压回路，填写其电磁铁动作顺序表。

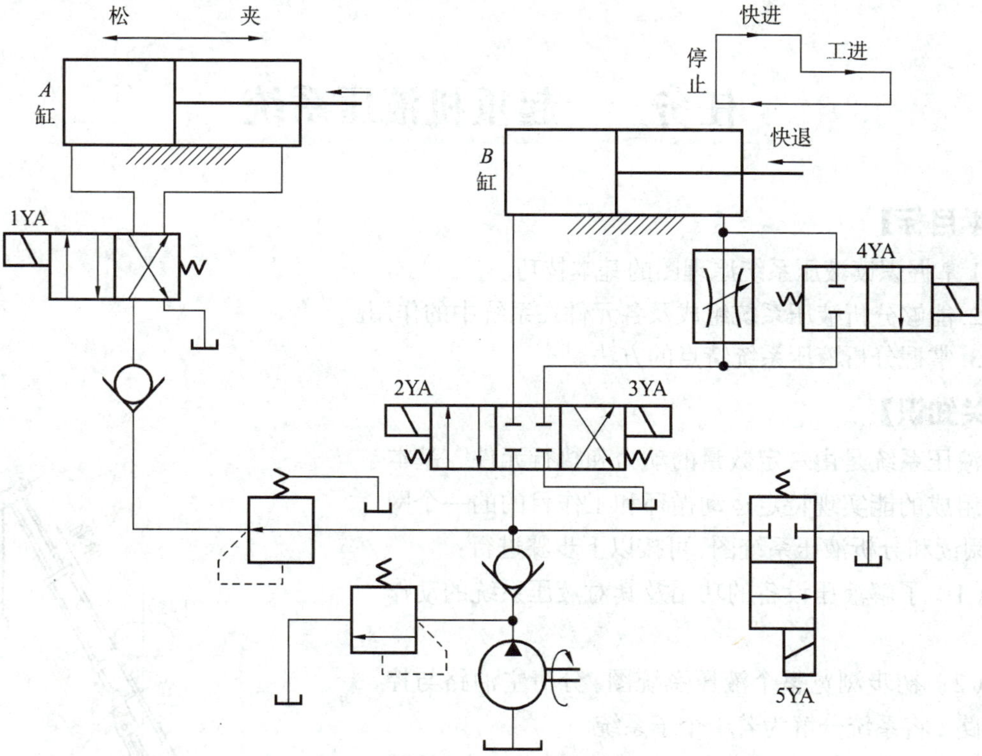

图 6-33

动作 \ 电磁铁	1YA	2YA	3YA	4YA	5YA
A 夹紧					
B 快进					
B 工进					
B 快退					
B 停止					
A 松开					
泵卸荷					

模块七　典型液压系统

任务一　起重机液压系统

【教学目标】

1 掌握识读液压系统原理图的基本技巧。

2. 能够分析液压系统组成及各元件在系统中的作用。

3. 掌握分析液压系统特点的方法。

【相关知识】

液压系统是由一定数量的动力和执行元件、基本回路组成的能实现特定运动循环和工作目的的一个网络。阅读和分析液压系统图，可按以下步骤进行：

（1）了解液压设备的功用及其对液压系统的动作要求。

（2）初步浏览整个液压系统图，分清主油路与控制回路，将系统分解为若干个子系统。

（3）分析组成子系统的基本回路及各液压元件的作用，按执行元件的工作循环分析各个动作的进油和回油路线。

（4）根据设备对系统中各子系统之间的顺序、同步、互锁、防干扰等要求，分析各子系统之间的联系，读懂整个液压系统的工作原理。

（5）归纳总结液压系统的特点。

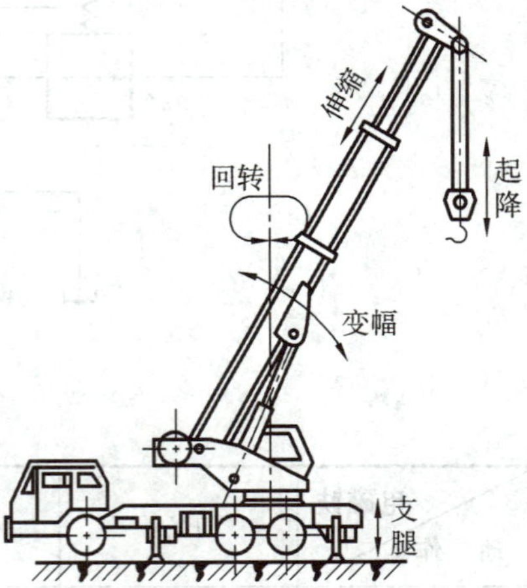

图 7–1　起重机

一、起重机（图 7–1）液压系统的组成及功用

支腿收放液压回路：架起整车，不使载荷压在轮胎上。

回转机构液压回路：使吊臂回转。

臂架变幅液压回路：改变吊臂的倾角。

伸缩臂液压回路：改变吊臂的长度。

吊重起升液压回路：使重物升降。

二、起重机液压回路简介（图 7-2）

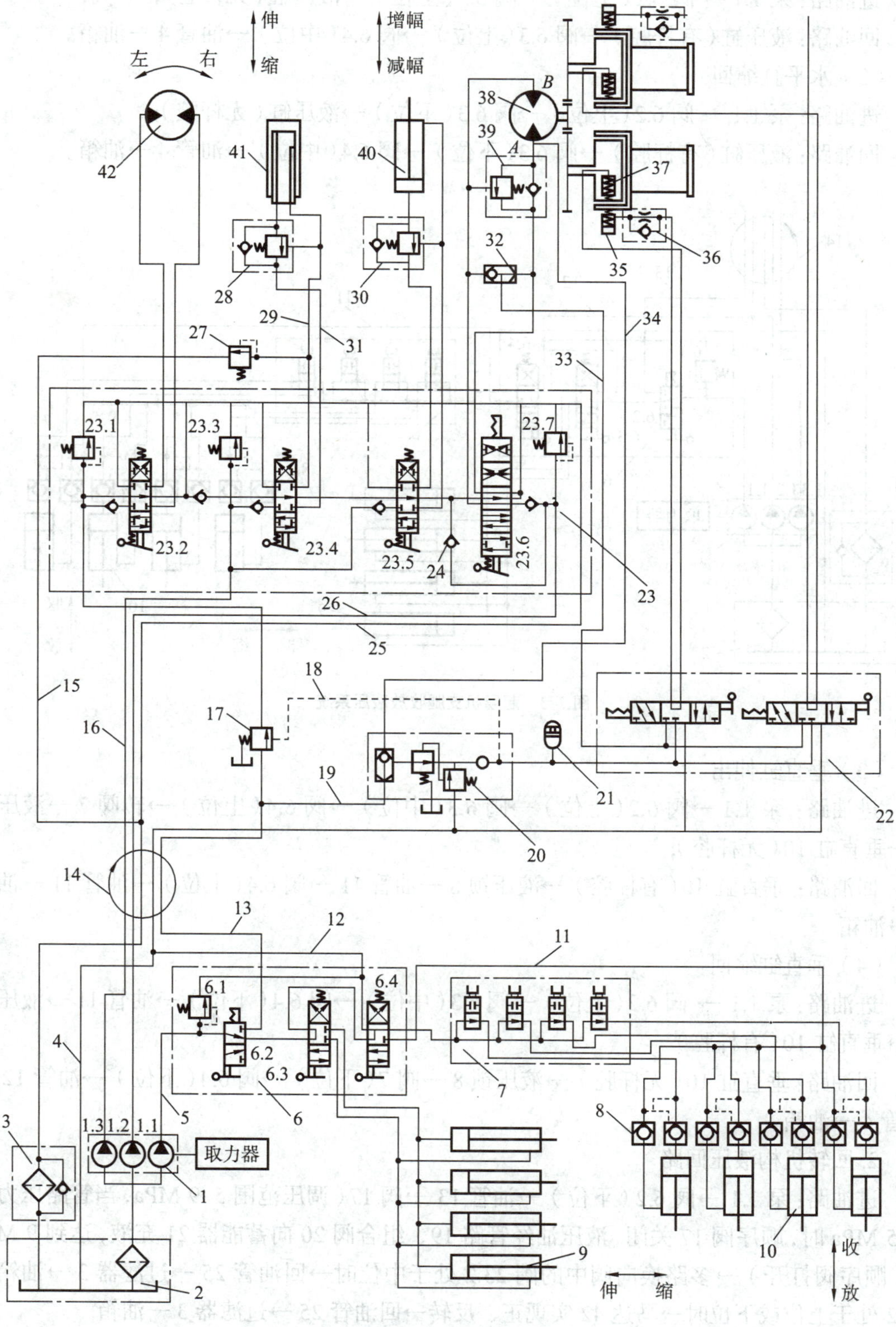

图 7-2 起重机液压回路

1. 支腿收、放液压回路（图 7–3）

（1）水平缸伸出

进油路：泵 1.1 → 阀 6.2（上位）→阀 6.3（上位）→液压缸（无杆腔）；

回油路：液压缸（有杆腔）→阀 6.3（上位）→阀 6.4（中位）→油管 4 →油箱。

（2）水平缸缩回

进油路：泵 1.1 → 阀 6.2（上位）→阀 6.3（下位）→液压缸（无杆腔）；

回油路：液压缸（有杆腔）→阀 6.3（下位）→阀 6.4（中位）→油管 4 →油箱。

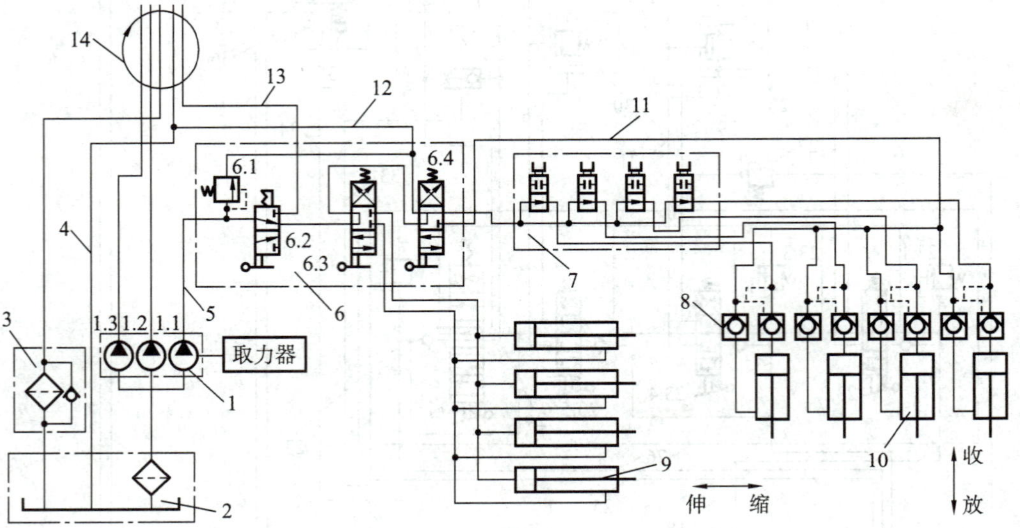

图 7–3　起重机支腿收放液压系统

（3）垂直缸伸出

进油路：泵 1.1 →阀 6.2（上位）→阀 6.3（中位）→阀 6.4（上位）→转阀 7 →液压锁 8 →垂直缸 10（无杆腔）；

回油路：垂直缸 10（有杆腔）→液压锁 8 →油管 11 →阀 6.4（上位）→油管 11 →油管 4 →油箱。

（4）垂直缸缩回

进油路：泵 1.1 → 阀 6.2（上位）→阀 6.3（中位）→阀 6.4（下位）→油管 11 →液压锁 8 →垂直缸 10（有杆腔）

回油路：垂直缸 10（无杆腔）→液压锁 8 →阀 7（下位）→阀 6.4（下位）→油管 12 →油管 4 →油箱。

2. 回转机构液压回路

进油路：泵 1.1 →阀 6.2（下位）→油管 13 →阀 17（调压范围 5~9 MPa，当管路压力小于 5 MPa 时，顺序阀 17 关闭，液压油经管路 19、组合阀 20 向蓄能器 21 充液，达到 9 MPa 时，顺序阀打开）→多路换向阀中的阀 23.2 处于中位时→回油管 25 →过滤器 3 →油箱阀 23.2 处于上位或下位时→马达 42 实现正、反转→回油管 25 →过滤器 3 →油箱

3. 臂架变幅液压回路

臂架变幅回路与伸缩臂回路为并联的多路换向回路。

（1）变幅缸伸出

进油路：泵 1.3 →阀 23.5（上位）→平衡阀 30 的单向阀→变幅缸 40（无杆腔）

回油路：变幅缸 40（有杆腔）→阀 23.5（上位）→回油管 25 →过滤器 3 →油箱

（2）变幅缸缩回

进油路：泵 1.3 →阀 23.5（下位）→变幅缸 40（有杆腔）

回油路：变幅缸 40（无杆腔）→平衡阀 30 的顺序阀→阀 23.5（下位）→回油管 25 →过滤器 3 →油箱

4. 伸缩臂液压回路

臂架变幅回路与伸缩臂回路为并联的多路换向回路。

（1）伸缩缸伸出

进油路：泵 1.3 →阀 23.4（下位）→平衡阀 28 的单向阀→伸缩缸 41（无杆腔）

回油路：伸缩缸 41（有杆腔）→阀 23.4（下位）→回油管 25 →过滤器 3 →油箱

（2）伸缩缸缩回

进油路：泵 1.3 →阀 23.4（上位）→伸缩缸 41（有杆腔）

回油路：伸缩缸 41（无杆腔）→平衡阀 28 的顺序阀→阀 23.4（上位）→回油管 25 →过滤器 3 →油箱

5. 吊重起升液压回路

（1）慢挡上升

进油路：泵 1.2 →油管 26 →阀 23. 6（上一挡）→平衡阀 39 的单向阀→起升马达 38A

回油路：起升马达 38B →阀 23. 6（上一挡）→回油管 25 →过滤器 3 →油箱

（2）快挡上升

进油路：泵 1.2 →油管 26 →阀 23. 6（上二挡）→平衡阀 39 的单向阀→ 起升马达 38A

泵 1.1 →阀 6. 2（下位）→油管 13 →阀 23. 2 23. 4 23. 5（中位）→单向阀 24 →阀 23. 6（上二挡）

泵 1.2 泵 1.1 的流量合在一起，马达高速转动

（3）慢挡下降

进油路：泵 1.2 →油管 26 →阀 23. 6（下一挡）→起升马达 38B

回油路：起升马达 38A →阀 23. 6（下一挡）→平衡阀 39 的顺序阀→回油管 25→过滤器 3 →油箱

（4）快挡下降

进油路：泵 1.2 →油管 26 →阀 23. 6（下二挡）→起升马达 38B

泵 1.1 →阀 6. 2（下位）→油管 13 →阀 23. 2 23. 4 23. 5（中位）→单向阀 24 →阀 23. 6（下二挡）

泵 1.2 泵 1.1 的流量合在一起，马达高速转动

溢流阀 23.7 起安全保护作用。

6. 吊重起升的制动、离合液压回路

两个换向阀 22 分别控制主、副起升制动器与离合器。

换向阀 22 处于中位时，离合器缸 37（靠蓄能器 21 供给压力油）回油，离合器松开，制动缸 35（靠弹簧复位，弹簧复位时制动器抱紧）也回油，制动器抱死。

换向阀 22 处于左位时，离合器松开，制动器松开，重物下行。

换向阀 22 处于右位时，离合器接合，制动器松开，重物上升或下行。

三、系统中包含的液压基本回路

1. 调压回路。

2. 换向回路。

3. 锁紧回路。

4. 卸荷回路。

5. 平衡回路。

6. 制动回路。

任务二　组合机床动力滑台液压系统

一、动力滑台液压系统的功能

动力滑台是组合机床用来实现进给运动的通用部件。根据加工工艺的需要，可在滑台台面上装置动力箱、多轴箱及各种专用切削头等动力部件，以完成钻、扩、铰、镗、铣、刮端面、倒角和攻丝等加工工序，以及完成多种复杂进给工作循环。液压动力滑台的机械结构简单，配上电器后能很容易地实现进给运动的自动循环，同时工进速度也可方便地进行调节，应用比较广泛。

YT4543 型动力滑台的工作压力为 4~5 MPa，最大进给力为 45 kN，进给速度范围为 6.6~660 mm/min。该系统由限压式变量叶片泵、单杆活塞式液压缸及液压元件等组成，在机、电、液的联合控制下能实现工作循环，即：快进→第一次工作进给→第二次工作进给→死挡铁停留→快退→原位停止。

二、动力滑台液压系统各动作的工作原理（图 7-4）

1. 快进

进油路：过滤器→泵 1 →单向阀 2 →换向阀 6 左位→行程阀 11 下位→液压缸左腔

回油路：液压缸右腔→换向阀 6 左位→单向阀 5 →行程阀 11 下位→液压缸左腔

由此形成液压缸两腔连通，实现差动快进。

2. 第一次工作进给

挡块压下行程阀 11，电磁铁 1YA 继续通电，顺序阀 4 打开，单向阀 5 关闭，切断了液压缸的差动连接油路。滑台由快进转为第一次工作进给，进给量大小由调速阀 7 调节

进油路：过滤器→泵 1 →单向阀 2 →换向阀 6 左位→调速阀 7 →电磁换向阀 12 右位→液压缸左腔

回油路：液压缸右腔→换向阀 6 左位→液控顺序阀 4 →背压阀 3 →油箱。

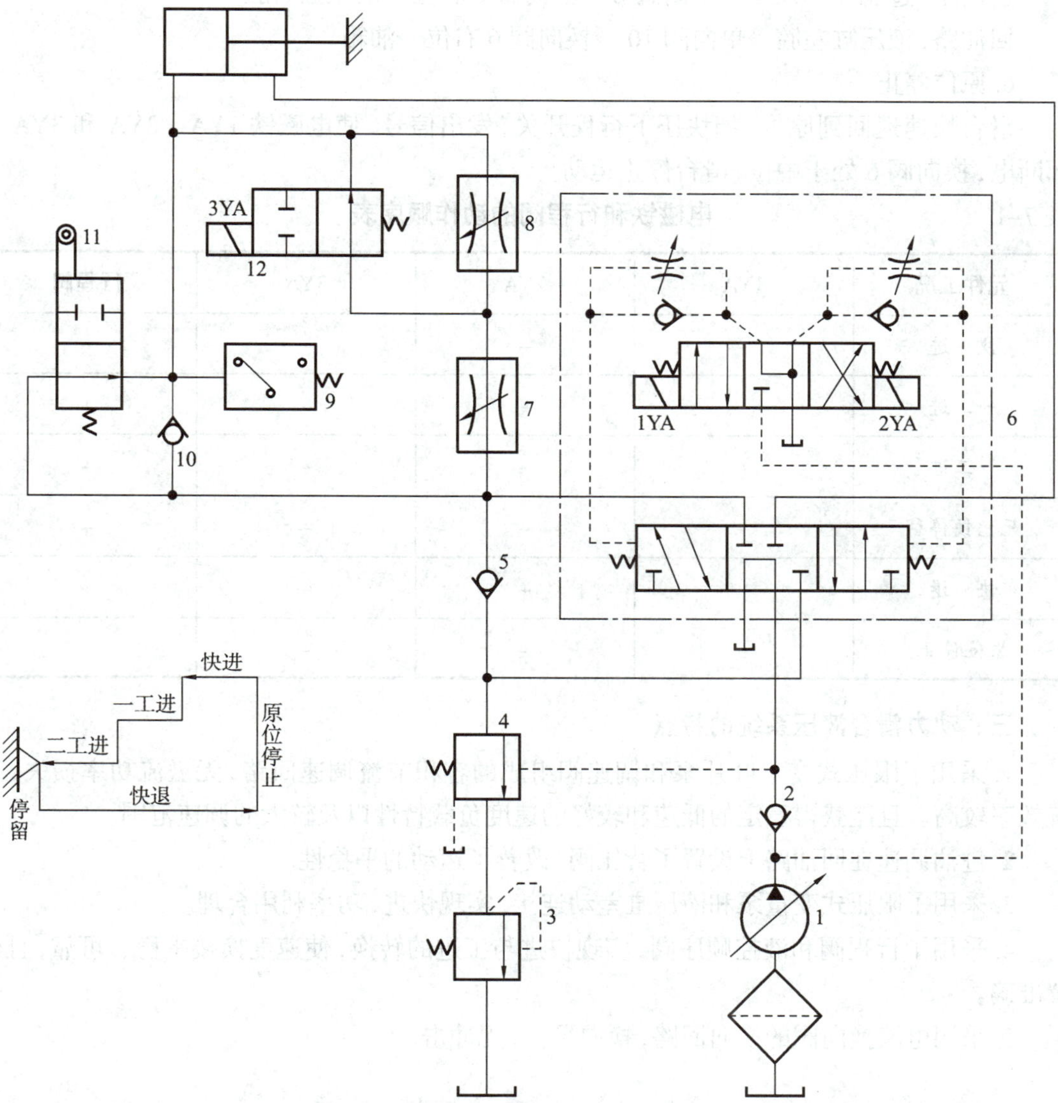

图 7-4　组合机床动力滑台液压系统工作原理

3. 第二次工作进给

挡块压下行程开关使 3YA 通电，这时进油必须经调速阀 7 和 8 才能进入液压缸左腔，回油路和第一次工作进给完全相同，进给量大小由调速阀 8 调节。

进油路：过滤器→泵 1→单向阀 2→换向阀 6 左位→调速阀 7、8→液压缸左腔

回油路：液压缸右腔→换向阀 6 左位→液控顺序阀 4→背压阀 3→油箱

4. 死挡铁停留

当滑台完成第二次工作进给碰到死挡铁时，此时缸左腔压力升高，使压力继电器 9 发信号给时间继电器，滑台停留时间由时间继电器调定。

5. 快退

滑台停留时间结束后，时间继电器发出信号，使电磁铁 1YA、3YA 断电，2YA 通电。

进油路：过滤器→泵 1 →单向阀 2 →换向阀 6 右位→液压缸右腔

回油路：液压缸左腔→单向阀 10 →换向阀 6 右位→油箱

6. 原位停止

滑台快速退回到原位，挡块压下行程开关，发出信号，使电磁铁 1YA、2YA 和 3YA 全部断电，换向阀 6 处于中位，滑台停止运动。

表 7-1 **电磁铁和行程阀的动作顺序表**

元件工况	1YA	2YA	3YA	行程阀
快　进	+	−	−	−
一工进	+	−	−	+
一工进	+	−	+	+
死挡铁停留	+	−	+	+
快　退	−	+	−	+
原位停止	−	−	−	−

三、动力滑台液压系统的特点

1. 采用了限压式变量叶片泵和调速阀组成的容积节流调速回路，无溢流功率损失，系统效率较高。且能获得稳定的低速和较好的速度负载特性以及较大的调速范围。

2. 进油调速在回油路上设置了背压阀，改善了运动的平稳性。

3. 采用了限压式变量泵和液压缸差动连接，实现快进，功率利用合理。

4. 采用了行程阀和液控顺序阀，实现快进与工进的转换，使速度换接平稳、可靠，且位置准确。

5. 采用电液换向阀的换向回路，换向平稳，无冲击。

思考练习题

1. 阅读和分析液压系统图，可按什么步骤进行？
2. 试述起重机液压系统的组成及功用。
3. 试述起重机液压系统的工作原理。
4. 起重机液压系统中包含哪些液压基本回路？
5. 试述动力滑台液压系统的特点。
6. 试述 YT4543 型动力滑台液压系统各动作的工作原理。

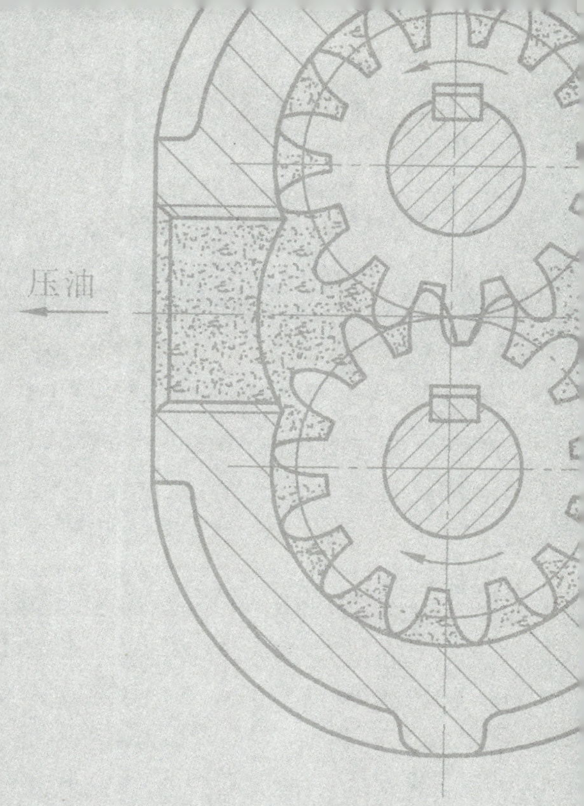

第二篇
气压传动

模块一　气压传动基础知识

任务一　气压传动系统的组成与工作原理

【教学目标】

1. 了解气压传动系统的组成。
2. 掌握气压传动的原理。
3. 了解气压传动的特点。

【相关知识】

一、气压传动系统的组成

气压传动是以压缩空气为工作介质来传递动力和控制信号，控制和驱动各种机械和设备，来实现生产过程机械化、自动化的一门技术。气压传动系统由气源装置、执行元件、控制元件和辅助元件四个部分组成。

气源装置是获得压缩空气的装置，它将原动机供给的机械能转化为气体的压力能。

执行元件是将气体的压力能转变为机械能的一种能量转化装置。包括气缸、气马达和摆动马达等。

控制元件是用来控制压缩空气的压力、流量和流动方向的，以便使执行机构完成预定的工作循环。包括各种压力阀、方向阀、流量阀、逻辑元件、射流元件、行程阀、转换器和传感器等。

辅助元件是保证压缩空气的净化、元件的润滑、元件间的连接及消声等所必须的装置。包括分水滤气器、油雾器、消声器以及各种管路附件等。

二、气压传动的原理

气压传动与液压传动的工作原理完全相同，都是以密封容积中的受压工作介质来传递运动和动力的，它先将机械能转换成压力能，然后通过各种元件组成的控制回路来实现能量的调控，最终再将压力能转换成机械能，使执行机构实现预定的运动。

如图 1–1 所示，元件 1 为空气压缩机，将驱动空气压缩机的原动机的机械能转换为气体的压力能，元件 2 为后冷却器，元件 3 为除油器，元件 4 为干燥器，元件 5 为贮气罐，元件 6 为过滤器，元件 7 为调压器，元件 9 为油雾器。由气源装置产生的压缩空气经以上辅助元

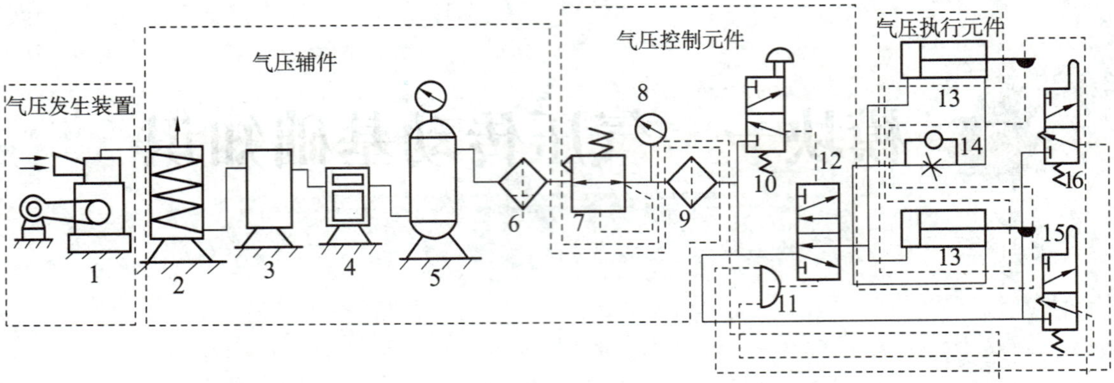

图 1–1　气压传动系统工作原理

件的处理，再经气压控制元件 10、11、12、14 和 15、16 控制进入气压执行元件 13，推动活塞进行工作。气压传动系统的气源装置一般设在距控制、执行元件较远的空气压缩机站内，用管道输出给执行元件，而其他从动过滤器以后的部分一般集中在气压传动工作机构附近，把各种控制元件按要求进行组合后构成气压传动回路。

三、气压传动的特点

气压传动技术在国外发展很快，在国内也被广泛应用于机械、电子、轻工、纺织、食品、医药、包装、冶金、石化、航空、交通运输等各个工业部门。气压传动与其他传动方式相比有以下特点：

1. 气压传动的优点

（1）工作介质是压缩空气，空气可以从大气中取得，用量不受限制，排气处理简单，不污染环境。

（2）压缩空气为快速流动的工作介质，可以获得较高的工作速度。

（3）与液压相比，气动反应快，动作迅速。气动元件结构简单、制造容易，适用于标准化、系列化、通用化。气动元件可靠性高，使用寿命长。

（4）压缩空气的工作压力较低（一般为 0.3 MPa~0.8 MPa），因此，对气动元件的材质要求较低。

（5）气动系统结构简单、轻便、安装维护较简单。

（6）气动元件采用相应的材料后，能够在恶劣的环境下进行正常工作，安全可靠性优于液压、电子和电气系统。

（7）排气时气体因膨胀而温度降低，因而启动设备可以自动降温，长期运行也不会发生过热现象。

（8）因为空气的可压缩性、黏度很小（约为液压油的万分之一）、流动阻力小，在管道中流动的压力损失小，所以气动系统可储存能量，实现集中供气和远距离输送。

2. 气压传动的缺点

（1）空气具有可压缩性，不易实现准确定位和速度控制。

（2）工作压力较低，又因结构尺寸不宜过大，因而气压传动装置的总推力一般不可能很大，且传动效率低。

（3）气动信号传递的速度比光、电子速度慢，故不宜用在要求高传递速度的复杂回路中，但对一般机械设备，气动信号的传递速度是能满足要求的。

（4）气压传动工作介质本身没有润滑性，如不采用无给油气压传动元件，需另加油雾装置润滑。

（5）排气噪声大，需加消声器。

思考练习题

一、填空

1. 气压传动是以 ________ 为工作介质来传递动力和控制信号的。
2. 气源装置是获得压缩空气的装置，它将原动机供给的机械能转化为 ________。
3. 执行元件是将气体的压力能转变为 ________ 的一种能量转化装置。包括 ________、________、________ 等。
4. ________ 是用来控制压缩空气的压力、流量和流动方向的，以便使执行机构完成预定的工作循环。
5. ________ 是保证压缩空气的净化、元件的润滑、元件间的连接及消声等所必须的装置。
6. 气压传动控制元件包括各种压力阀、方向阀、流量阀、________、射流元件、行程阀、转换器和 ________ 等。
7. 气压传动辅助元件包括 ________、________、________ 以及各种管路附件等。

二、简答题

1. 气压传动系统有哪几部分组成？各部分的作用是什么？
2. 简述气压传动的工作原理。
3. 简述气压传动的特点。

模块二　气动元件

任务一　气源装置

【教学目标】

1. 掌握气源装置的组成。

2. 掌握气源装置及辅件的工作原理和符号。

3. 联系液压部分，了解液压与气压系统的区别，引导学生独立思考。

【相关知识】

气动系统中的气源装置为气动系统提供合乎质量要求的压缩空气，是气动系统的一个重要组成部分。气源装置一般由气压发生装置、净化及贮存压缩空气的装置和设备、传输压缩空气的管道系统和气动三大件四部分组成。

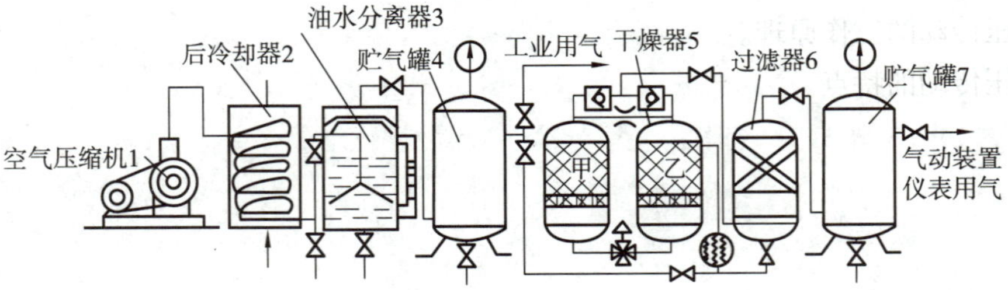

图 2–1　气源装置的组成和布置示意

图 2–1 中，1 为空气压缩机，用以产生压缩空气，一般由电动机带动。其吸气口装有空气过滤器，以减少进入空气压缩机内气体的杂质量。2 为后冷却器，用以降温冷却压缩空气，使气化的水、油凝结起来。3 为油水分离器，用以分离并排出降温冷却凝结的水滴、油滴、杂质等。4 为贮气罐，用以贮存压缩空气，稳定压缩空气的压力，并除去部分油分和水分。5 为干燥器，用以进一步吸收或排除压缩空气中的水分及油分，使之变成干燥空气。6 为过滤器，用以进一步过滤压缩空气中的灰尘、杂质颗粒。7 为贮气罐。贮气罐 4 输出的压缩空气可用于一般要求的气压传动系统，贮气罐 7 输出的压缩空气可用于要求较高的气动系统（如气动仪表及射流元件组成的控制回路等）。

一、气压发生装置

1. 空气压缩机的分类

空气压缩机简称空压机，是气源装置的核心，用以将原动机输出的机械能转化为气体的压力能。空气压缩机按压力大小可分为低压型（0.2~1.0 MPa）、中压型（1.0~10 MPa）和高压型（>10 MPa）；按工作原理可分为容积型和速度型。通过缩小气体的容积来提高气体的压力的方法称为容积型；通过提高气体的速度，让动能转化成压力能，以提高气体压力的方法称为速度型。

2. 空气压缩机的工作原理

气动系统中最常用的是往复活塞式空气压缩机，其工作原理如图 2–2 所示。

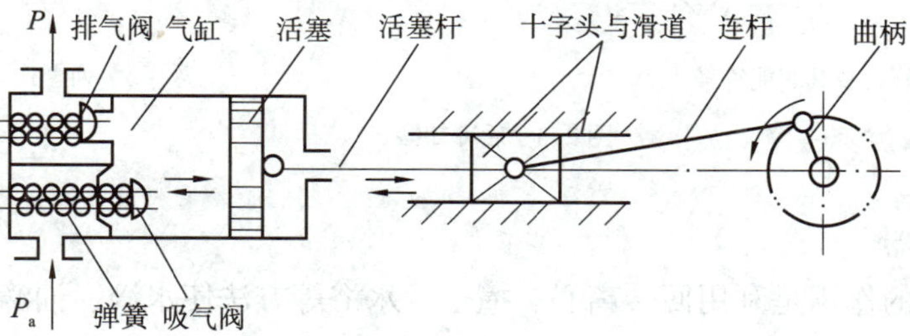

图 2–2　活塞式空气压缩机工作原理

当活塞向右运动时，气缸内活塞左腔的压力低于大气压力，吸气阀被打开，空气在大气压力作用下进入气缸内，这个过程称为“吸气过程”。当活塞向左移动时，吸气阀在缸内压缩气体的作用下而关闭，缸内气体被压缩，这个过程称为压缩过程。当气缸内空气压力增高到略高于输气管内压力后，排气阀被打开，压缩空气进入输气管道，这个过程称为“排气过程”。活塞的往复运动是由电动机带动曲柄转动，通过连杆、滑块、活塞杆转化为直线往复运动而产生的。

3. 空气压缩机的选用原则

选择空气压缩机的依据是：气动系统所需的工作压力和流量两个主要参数。空气压缩机的额定压力应等于或略高于气动系统所需的工作压力，一般气动系统的工作压力为 0.4~0.8 MPa，故常选用低压空压机，特殊需要亦可选用中、高压或超高压空压机。

输出流量的选择，要根据整个气动系统对压缩空气的需要再加一定的备用余量，作为选择空气压缩机（或机组）流量的依据。空气压缩机铭牌上的流量是自由空气流量。

二、压缩空气净化设备

直接由空气压缩机排出的压缩空气，如果不进行净化处理，不除去混在压缩空气中的水分、油分等杂质是不能为气动装置使用的。因此必须设置一些除油、除水、除尘并使压缩空气干燥的提高压缩空气质量、进行气源净化处理的辅助设备。

压缩空气净化设备一般包括：后冷却器、油水分离器、贮气罐和干燥器。

1. 后冷却器

后冷却器安装在空气压缩机出口管道上，空气压缩机排出具有 140℃~170℃的压缩空气经过后冷却器，温度降至 40℃~50℃。这样，就可使压缩空气中油雾和水汽达到饱和使其大部分凝结成滴而析出。后冷却器的结构形式有蛇形管式、列管式、散热片式和管套式，冷却方式有水冷和气冷两种方式，如图 2–3 所示。

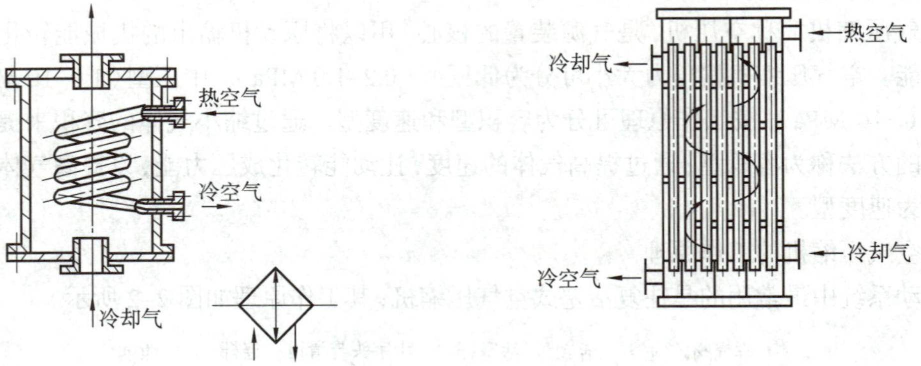

（a）蛇形管式及其职能符号　　（b）列管式

图 2–3　后冷却器

2. 油水分离器

油水分离器的作用是利用回转离心、撞击、水浴等方法使水滴、油滴及其他杂质颗粒从压缩空气中分离出来，使压缩空气得到初步净化。其结构形式有环形回转式、撞击折回式、离心旋转式、水浴式以及以上形式的组合等。

图 2–4 是撞击折回并回转式油水分离器，它的工作原理是：当压缩空气由入口进入分离器壳体后，气流先受到隔板阻挡而被撞击折回向下；之后又上升产生环形回转，这样凝聚在压缩空气中的油滴、水滴等杂质受惯性力作用而分离析出，沉降壳体底部，由放水阀定期排除。为了提高油、水分离效果，应控制气流在回转后上升的速度不超过 0.3~0.5 m/s。

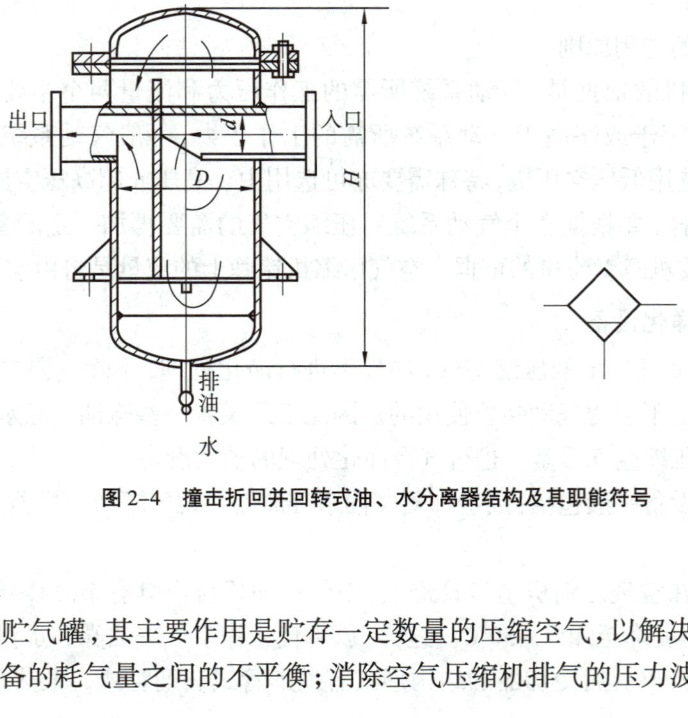

图 2–4　撞击折回并回转式油、水分离器结构及其职能符号

3. 贮气罐

图 2–5 为贮气罐，其主要作用是贮存一定数量的压缩空气，以解决空气压缩机的输出气量和气动设备的耗气量之间的不平衡；消除空气压缩机排气的压力波动及由此引起的管

道振动，保证供气的连续性、平稳性；进一步分离压缩空气中的水分和油分。

4. 干燥器

干燥器的作用是进一步除去压缩空气中含有的水分、油分和颗粒杂质等，使压缩空气干燥，提供的压缩空气，用于对气源质量要求较高的气动装置、气动仪表等。压缩空气的干燥方法主要有机械法、离心法、冷冻法和吸附法等。目前广泛使用的是吸附法和冷冻法。

吸附法是利用具有吸附性能的吸附剂（如硅胶、铝胶或分午筛等）来吸附压缩空气中含有的水分，而使其干燥；冷却法是利用制冷设备使空气冷却到一定的露点温度，析出空气中超过饱和水蒸气部分的多余水分，从而达到所需的干燥度。吸附法是干燥处理方法中应用最为广泛的一种方法。吸附式干燥器结构如图 2-6 所示。它的外壳呈筒形，其中分层设置栅板、吸附剂、滤网等。湿空气从进气管进入干燥器，通过吸附剂、过滤网、上栅板和下部吸附层后，因其中的水分被吸附剂吸收而变得很干燥。然后，再经过钢丝网、下栅板和过滤网，干燥、洁净的压缩空气便从输出管排出。

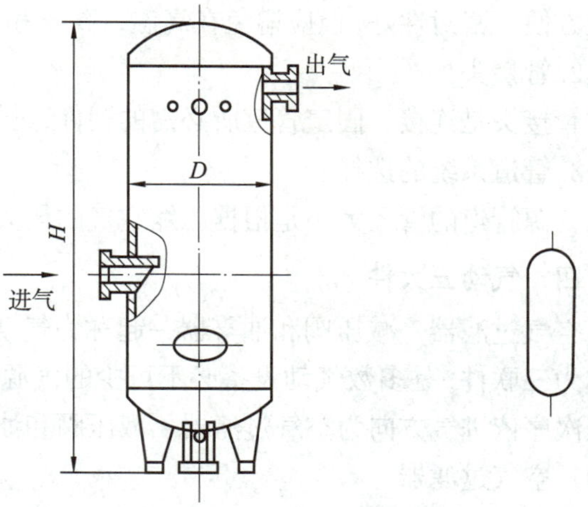

图 2-5　贮气罐结构及其职能符号

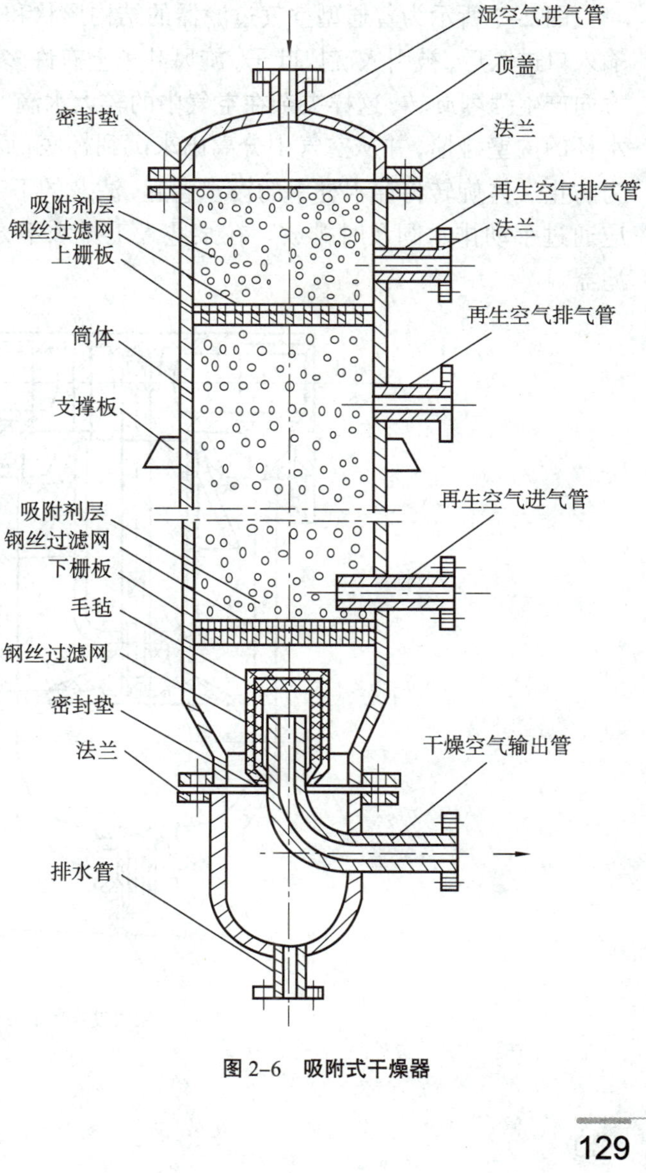

图 2-6　吸附式干燥器

三、管道系统

管道系统包括管道和管接头。

1. 管道

气动系统中常用的管道有硬管和软管。硬管以钢管和紫铜管为主，常用于高温高压和固定不动的部件之间的连接。软管有各种塑料管、尼龙管和橡胶管等，其特点是经济、拆装方便、密封性好，但应避免在高温、高压和有辐射的场合使用。

2. 管接头

管接头是连接、固定管道所必需的辅件，分为硬管接头和软管接头两类。

3. 管道系统的选择

气源管道的管径大小是根据压缩空气的最大流量和允许的最大压力损失决定的。

四、气动三大件

空气过滤器、减压阀和油雾器一起称为气动三大件。三大件依次无管化连接而成的组件称为三联件，是多数气动设备必不可少的气源装置。大多数情况下，三大件组合使用，其安装次序依进气方向为空气过滤器、减压阀和油雾器。

1. 空气过滤器

空气过滤器又名分水滤气器、空气滤清器，它的作用是滤除压缩空气中的水分、油滴及杂质，以达到气动系统所要求的净化程度。它属于二次过滤器，大多与减压阀、油雾器一起构成气动三联件，安装在气动系统的入口处。

图 2-7 所示为普通型空气过滤器的结构形状和职能符号。其工作原理是：压缩空气从输入口进入后，被引入旋风叶子，旋风叶子上有许多形成一定角度的缺口，迫使空气沿切线方向产生强烈旋转，这样夹杂在空气中的较大水滴、油滴和灰尘等便依靠自身的惯性与存水杯的内壁碰撞，并从空气中分离出来沉到杯底，而微粒灰尘和雾状水汽则由滤芯滤除。为防止气体旋转将存水杯中的污水卷起，滤芯的下部设有挡水板。此外，存水杯中的污水应通过手动排水阀及时排放。在某些人工排水不方便的场合，可采用自动排水式空气过滤器。

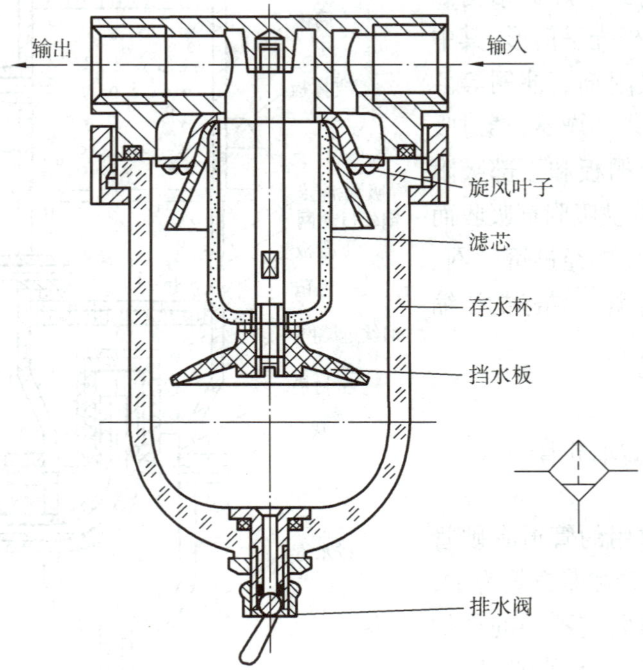

图 2-7 空气过滤器结构及职能符号

空气过滤器主要根据气动系统所需的过滤精度和所用空气流量来进行选择。空气过滤器可单独使用，也可与减压阀、油雾器组合使用，当组合使用时，必须将空气过滤器装于进气系统的最前面，安装时必须垂直安装，并且将放水阀朝下。

2. 油雾器

油雾器是一种特殊的注油装置，它以压缩空气为动力，将润滑油喷射成雾状并混合于压缩空气中，使压缩空气具有润滑气动元件的能力。用这种方法注油具有润滑均匀、稳定、耗油量少和不需要大的贮油设备等优点。

普通型油雾器的结构形式和职能符号如图 2-8 所示。压缩空气从气流入口进入，一部分由小孔 1 通过单向阀进入贮油杯的上腔 *A*。油面受压缩空气的作用，使油液从吸油管上升，顶开单向阀流入视油器，再经过可调节流阀滴入喷嘴小孔 2 中，由主管道通过的气流从小孔 2 把油引射出来，油滴被高速气流打碎雾化，并随气流由输出口输出，送入气动系统。

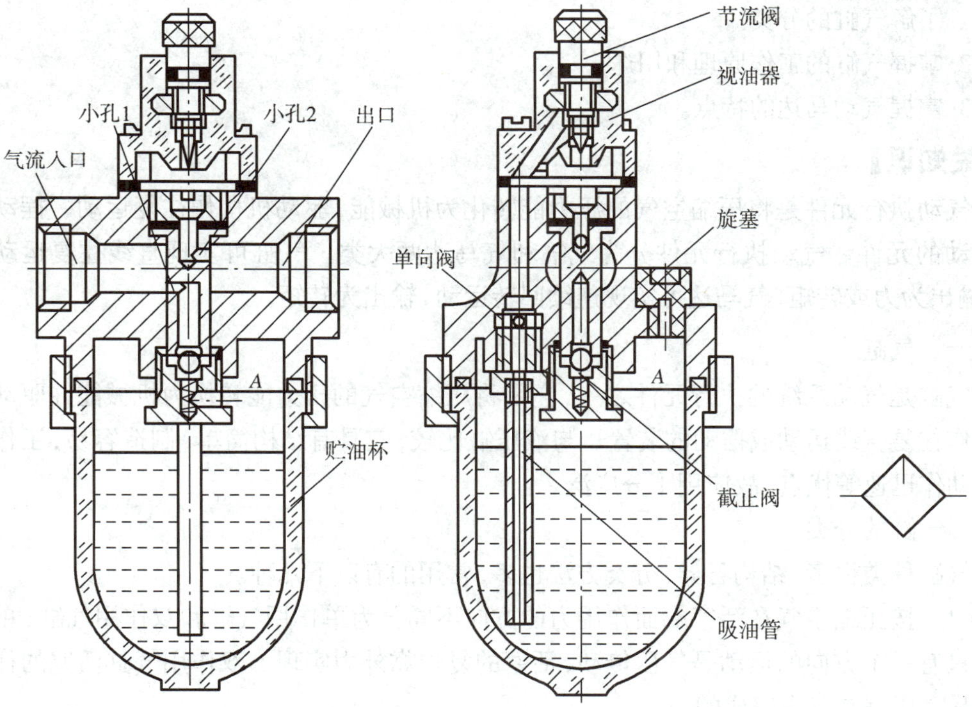

图 2-8　普通型油雾器结构及职能符号

油雾器主要根据通过流量及油雾粒大小来选择，一般场合选用一次油雾器，特殊要求的场合可选用二次油雾器。油雾器一般安装在减压阀之后，尽量靠近换向阀。安装油雾器时要垂直，进出口不能接反，贮油杯在下方，不可倒置，并尽可能安装在比润滑部位高的地方。油雾器的给油量应根据需要调节，一般 10 m^3 的自由空气供给 1 ml 的油量。

3. 减压阀

气动三大件中所用的减压阀起减压和稳压作用，工作原理与液压系统的减压阀相同。

4. 气动三大件的安装次序

气动系统中气动三大件的安装次序如图 2-9 所示。目前，新结构的三大件插装在同一支架上，形成无管化连接。其结构紧凑、装拆及更换元件方便，应用普遍。

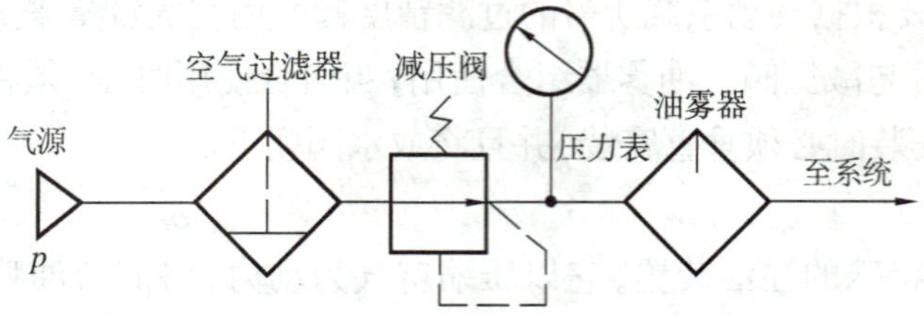

图 2-9 气动三大件的安装次序

任务二 气动执行元件

【教学目标】

1. 了解气缸的分类。
2. 掌握气缸的工作原理和用途。
3. 掌握气动马达的特点。

【相关知识】

气动执行元件是将压缩空气的压力能转化为机械能，驱动机构作往复运动、摆动或旋转运动的元件。气动执行元件分为气缸和气马达两大类。气缸可实现直线往复运动或摆动，输出为力或转矩，气马达可实现连续回转运动，输出为转矩。

一、气缸

气缸是气动系统的执行元件之一，它是将压缩空气的压力能转换为机械能并驱动工作机构作往复直线运动或摆动的装置。与液压缸比较，它具有结构简单，制造容易，工作压力低和动作迅速等优点，故应用十分广泛。

1. 气缸的分类

气缸种类很多，结构各异，分类方法也多，常用的有以下几种。

（1）按压缩空气在活塞端面作用力的方向不同分为单作用气缸和双作用气缸；单作用气缸只有一个方向的运动是气压传动，活塞的复位靠外力实现。双作用气缸活塞的往复运动都是靠压缩空气来完成的。

（2）按结构特点不同分为活塞式、薄膜式、柱塞式和摆动式气缸等。

（3）按安装方式可分为耳座式、法兰式、轴销式、凸缘式、嵌入式和回转式气缸等；固定式气缸的缸体安装在机架上不动，其连接方式又有耳座式、凸缘式和法兰式。轴销式气缸的缸体绕一固定轴，缸体可作一定角度的摆动。回转式气缸的缸体可随机床主轴作高速旋转运动，常见的有数控机床上的气动卡盘。

（4）按功能分为普通气缸和特殊气缸。普通气缸用于一般无特殊要求的场合；特殊气缸常用于有某种特殊要求的场合，如缓冲气缸、步进气缸、冲击式气缸、增压气缸、数字气缸、回转气缸、气液阻尼气缸、开关气缸、制动气缸和坐标气缸等。

2. 气缸的工作原理和用途

大多数气缸的工作原理与液压缸相同，以下介绍几种具有特殊用途的气缸。

（1）气—液阻尼缸：在气压传动中，需要准确的位置控制和速度控制时，可采用综合了气压传动和液压传动优点的气—液阻尼缸。气—液阻尼缸是由气缸和液压缸组合而成，以压缩空气为能源，以油液作为控制和调节气缸运动速度的介质，利用液体的可压缩性小和控制液体排量来获得气缸的平稳运动和调节活塞的运动速度。气—液阻尼缸按其组合方式不同可分为串联式和并联式两种。

图 2-10 为串联式和并联式气—液阻尼缸的工作原理图。串联式气—液阻尼缸将气缸和液压缸串接成一个主体，两个活塞固定在一个活塞杆上，在液压缸进出口之间装有单向节流阀。当气缸右腔进气，活塞克服外载并带动液压缸活塞向左运动。此时，液压缸左腔排油，由于单向阀关闭，油液只能经节流阀缓慢流回右腔，对整个活塞的运动起到阻尼作用。调节节流阀即可达到调节活塞运动速度的目的。当压缩空气进入气缸左腔时，液压缸右腔排油，此时单向阀开启，活塞能快速返回。串联式气—液阻尼缸的缸体较长，加工和安装时对同轴度要求较高，并要注意解决气缸和液压缸之间的油与气的互窜。

并联式气—液阻尼缸由气缸和液压缸并联而成，其工作原理和作用与串联气—液阻尼缸相同。这种气—液阻尼缸的缸体短，结构紧凑，消除了气缸和液压缸之间的窜气现象。但这种组合方式，两个缸不在同一轴线上，安装时对其平行度要求较高。

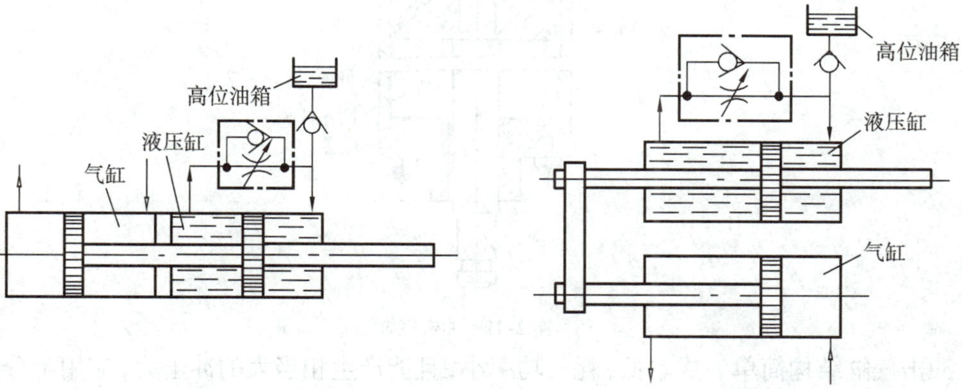

（a）串联式　　（b）并联式

图 2-10　气—液阻尼缸

（2）薄膜式气缸：薄膜式气缸是一种利用膜片在压缩空气作用下产生变形来推动活塞杆做直线运动的气缸。图 2-11 为薄膜式气缸结构简图。它可以是单作用的，也可以是双作用的。

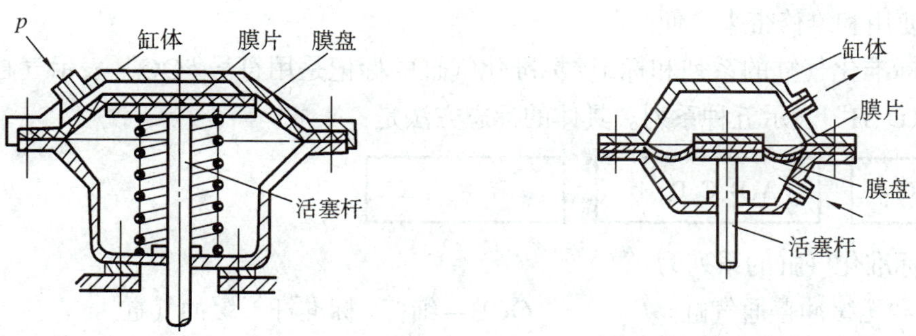

（a）单作用式　　（b）双作用式

图 2-11　薄膜式气缸

薄膜式气缸与活塞式气缸相比较，具有结构紧凑、简单、成本低、维修方便、寿命长和效率高等优点。但因膜片的变形量有限，其行程较短，一般不超过 40~50 mm，且气缸活塞上的输出力随行程的加大而减小，因此它的应用范围受到一定限制，适用于气动夹具、自动调节阀及短行程工作场合。

（3）冲击气缸：冲击气缸是把压缩空气的压力能转换为活塞和活塞杆的高速运动，输出动能，产生较大的冲击力，打击工件做功的一种气缸。

如图 2–12 所示，冲击气缸主要由缸体、中盖、活塞和活塞杆等组成，在结构上比普通气缸增加了一个具有一定容积的蓄能腔和喷嘴，中盖与缸体固定，中盖和活塞把气缸分隔成三个部分，即活塞杆腔、活塞腔和蓄能腔。中盖的中心有喷嘴口。

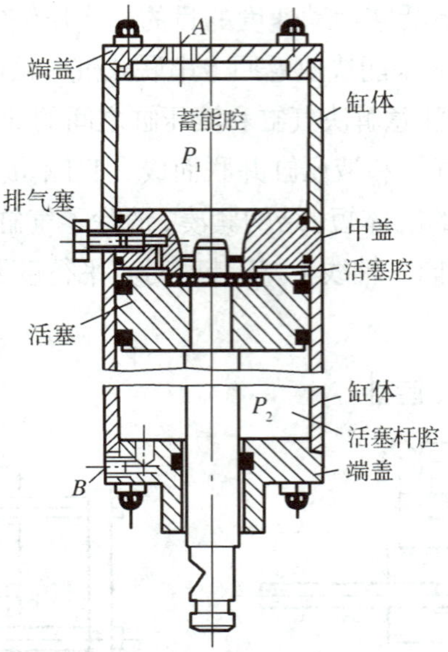

图 2–12 冲击气缸

冲击气缸结构简单、成本低，耗气功率小，且能产生相当大的冲击力，应用十分广泛。它可完成下料、冲孔、弯曲、打印、铆接、模锻和破碎等多种作业。为了有效地应用冲击气缸，应注意正确地选择工具，并正确地确定冲击气缸尺寸，选用适用的控制回路。

3. 标准化气缸

我国目前已生产出五种从结构到参数都已经标准化、系列化的气缸（简称标准化气缸）供用户优先选用，在生产过程中应尽可能使用标准化气缸，这样可使产品具有互换性，给设备的使用和维修带来方便。

（1）标准化气缸的系列和标记：标准化气缸的标记是用符号“QG”表示气缸，用符号“A、B、C、D、H”表示五种系列。具体的标志方法是：

QG	A、B、C、D、H	缸径 × 行程

五种标准化气缸的系列为：

QGA—无缓冲普通气缸　　QGB—细杆（标准杆）缓冲气缸

QGC—粗杆缓冲气缸　　QGD—气—液阻尼缸

QGH—回转气缸

例如，标记为 QG　A80×100，表示气缸的直径为 80 mm，行程为 100 mm 的无缓冲普通气缸。

（2）标准化气缸的主要参数：标准化气缸的主要参数是缸径 D 和行程 S。缸径标志了气缸活塞杆的输出力，行程标志了气缸的作用范围。

标准化气缸的缸径 D（单位 mm）有下列 11 种规格：

缸径：40，50，63，80，100，125，160，200，250，320，400。

标准化气缸的行程 S：无缓冲气缸和气—液阻尼缸，取 $S=(0.5\sim2)D$；有缓冲气缸，取 $S=(1\sim10)D$。

二、气动马达

气动马达是将压缩空气的压力能转换成旋转的机械能的装置。气动马达有叶片式、活塞式、齿轮式等多种类型，在气压传动中使用最广泛的是叶片式和活塞式马达。

图 2-13 为双向旋转叶片式气动马达的结构示意图及职能符号。当压缩空气从进气口进入气室后立即喷向叶片，作用在叶片的外伸部分，产生转矩带动转子作逆时针转动，输出机械能。若进气、出气口互换，则转子反转，输出相反方向的机械能。转子转动的离心力和叶片底部的气压力、弹簧力（图中未画出）使得叶片紧贴在定子的内壁上，以保证密封，提高容积效率。叶片式气动马达主要用于风动工具、高速旋转机械及矿山机械等。

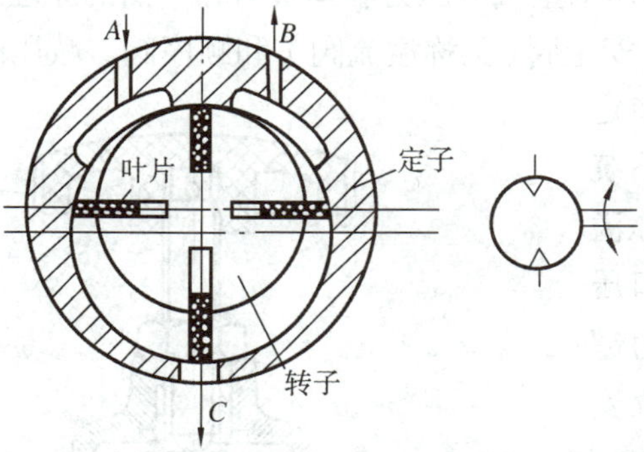

图 2-13　双向旋转叶片式气动马达及其职能符号

与液压电动机相比，气动马达具有以下特点：

（1）具有防爆性能，工作安全，可在易燃易爆、高温、振动、潮湿、粉尘等恶劣环境下工作，不受高温及振动的影响。

（2）具有过载保护。可在满载状态下长时间工作而温升较小。

（3）可实现无级调速。可通过控制调节节流阀的开度来控制进入气动马达的压缩空气的流量，从而控制调节气动马达的转速。

（4）具有较高的启动转矩，可直接带负载启动，启动、停止迅速。

（5）功率范围及转速的调速范围较宽。

（6）与电动机相比，单位功率尺寸小，结构简单、重量轻，适用于安装在位置狭小的场合，操作方便，可正反转，维修容易、成本低。

（7）速度稳定性较差，输出功率小，耗气量大，效率低，噪声大和易产生振动。

任务三　气动控制元件

【教学目标】

1. 了解气动控制元件的分类。
2. 掌握压力控制阀、流量控制阀和方向控制阀的工作原理。
3. 联系液压部分自行分析，培养学生举一反三解决问题的能力。

【相关知识】

气动控制元件是在控制系统中控制和调节压缩空气的压力、流量、流动方向、发送信号的元件，利用它们可以组成具有特定功能的控制回路，使气动执行元件或控制系统能够实现规定程序的正常工作。按其功能和作用分为压力控制阀、流量控制阀和方向控制阀三大类。此外，还有通过控制气流方向和通断实现各种逻辑功能的气动逻辑元件等。

一、压力控制阀

在气压传动系统中，用于控制压缩空气压力的元件称为压力控制阀。这类阀的共同特点是利用作用于阀芯上的压缩空气的压力和弹簧力相平衡的原理来进行工作的。压力控制阀按其功能分为减压阀、安全阀（又称溢流阀）和顺序阀。减压阀是调节或控制气体压力的变化，并保持压力值稳定在需要的数值上，确保系统压力稳定；安全阀（又称溢流阀）是保持一定的进口压力，并且在系统管路压力超过预调值时，为保证系统安全，会将部分空气放掉的控制阀；顺序阀是在两个以上的分支回路中，能够依据气压的高低控制执行元件按规定的程序进行顺序动作的控制阀。

1. 减压阀

QTY 型直动式减压阀的结构原理及职能符号如图 2-14 所示。当阀处于工作状态时，调节手柄、压缩弹簧、膜片，通过阀杆使阀芯下移，进气阀口被打开，有压气流从左端输入，经阀口节流减

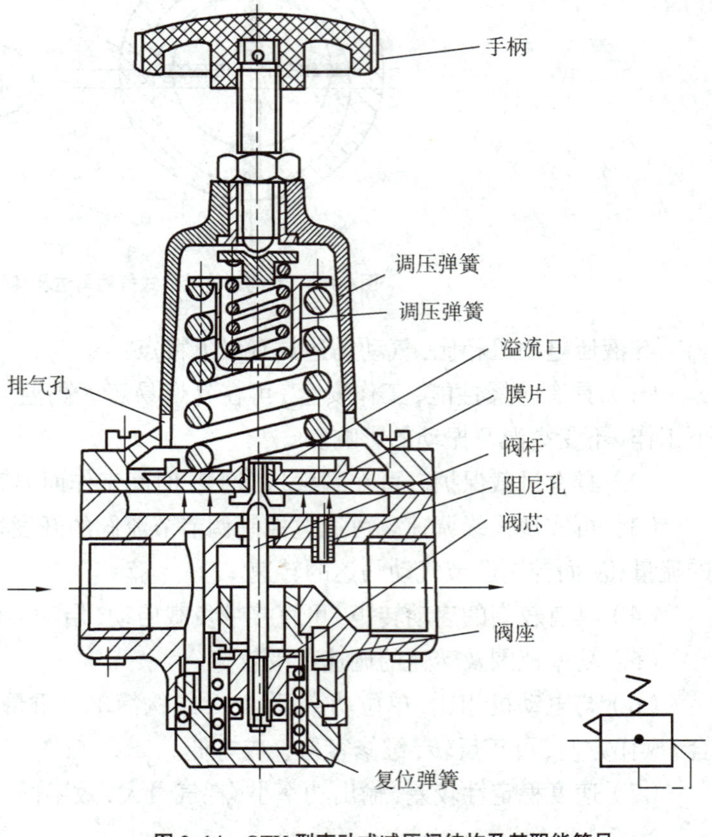

图 2-14　QTY 型直动式减压阀结构及其职能符号

压后从右端输出。输出气流的一部分由阻尼管进入膜片气室，在膜片的下方产生一个向上的推力，这个推力总是企图把阀口开度关小，使其输出压力下降。当作用于膜片上的推力与弹簧力相平衡后，减压阀的输出压力便保持一致。

当输入压力发生波动时，如输入压力瞬时升高，输出压力也随之升高，作用于膜片上的气体推力也随之增大，破坏了原来的力的平衡，使膜片向上移动，有少量气体经溢流口、排气孔排出。在膜片上移的同时，因复位弹簧的作用，使输出压力下降，直到新的平衡为止。重新平衡后的输出压力又基本上恢复至原值。反之，输出压力瞬时下降，膜片下移，进气口开度增大，节流作用减小，输出压力又基本上回升至原值。

QTY 型直动式减压阀的调压范围为 0.05~0.63 MPa。为限制气体流过减压阀所造成的压力损失，规定气体通过阀内通道的流速在 15~25 m/s 范围内。

安装减压阀时，要按气流的方向和减压阀上所示的箭头方向，依照分水滤气器—减压阀—油雾器的安装次序进行安装。调压时应由低向高调，直至规定的调压值为止。阀不用时应把手柄放松，以免膜片受压变形。

2. 安全阀

当回路中气压上升到所规定的调定压力以上时，气流需要经排气口排出，以保持输入压力不超过设定值。此时应当采用安全阀。

图 2-15 是安全阀的工作原理图及图形符号。当系统中气体压力在调定范围内时，作用在活塞上的压力小于弹簧的力，活塞处于关闭状态，如图 2-15（a）所示。当系统压力升高，作用在活塞上的压力大于弹簧的预定压力时，活塞向上移动，阀门开启排气，如图 2-15（b）所示。直到系统压力降到调定范围以下，活塞又重新关闭。开启压力的大小与弹簧的预压量有关。

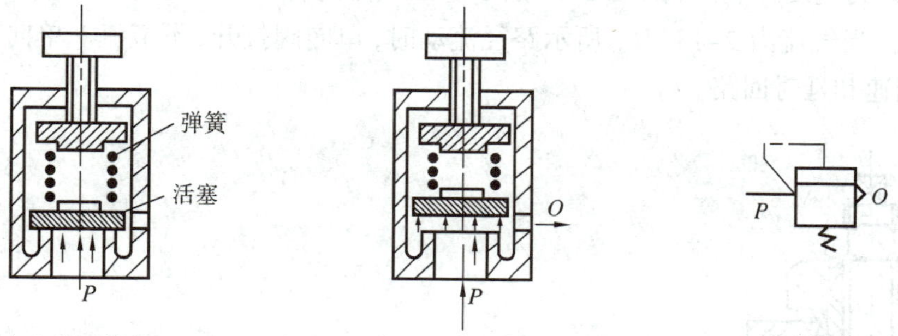

（a）关闭状态　（b）开启状态　（c）职能符号

图 2-15　安全阀工作原理及职能符号

3. 顺序阀

顺序阀是依靠气压系统中压力的变化来控制气动回路中各执行元件按顺序动作的压力阀。顺序阀一般很少单独使用，往往与单向阀配合在一起，构成单向顺序阀。

图 2-16 所示为单向顺序阀的工作原理图和职能符号。当压缩空气由左端进入阀腔后，作用于活塞上的气压力超过压缩弹簧上的力时，将活塞顶起，压缩空气从 A 输出，如图 2-16（a）所示。此时单向阀在压力差及弹簧力的作用下处于关闭状态。反向流动时，输入侧变成排气口，输出侧压力将顶开单向阀由 O 口排气，如图 2-16（b）所示。这样一来，调节旋钮就可以改变单向阀的开启压力，以便在不同的开启压力下控制执行元件的顺序动作。

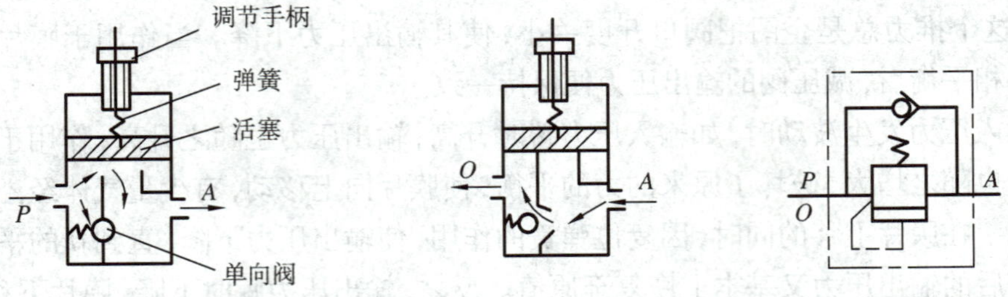

（a）关闭状态　（b）开启状态　（c）职能符号

图 2-16　单向顺序阀工作原理及职能符号

二、流量控制阀

在气压传动系统中，有时需要控制气缸的运动速度，有时需要控制换向阀的切换时间和气动信号的传递速度，这些都需要调节压缩空气的流量来实现。流量控制阀就是通过改变阀的通流面积来实现流量控制的元件。流量控制阀包括节流阀、单向节流阀、排气节流阀等。

1. 节流阀

图 2-17 所示为圆柱斜切型节流阀的工作原理和职能符号。压缩空气由 *P* 口进入，经过节流后，由 *A* 口流出。旋转阀芯螺杆可改变节流口的开度大小。这种节流阀的结构简单，体积小，应用范围较广。

2. 单向节流阀

单向节流阀是由单向阀和节流阀并联而成的组合式流量控制阀，常用于控制气缸的运动速度，又称为速度控制阀，如图 2-18 所示。当气流沿着图 2-18（a）所示路径流动时，经节流阀节流；当气流沿 2-18（b）所示路径流动时，单向阀打开，不节流。单向节流阀常用于气缸的调速和延时回路。

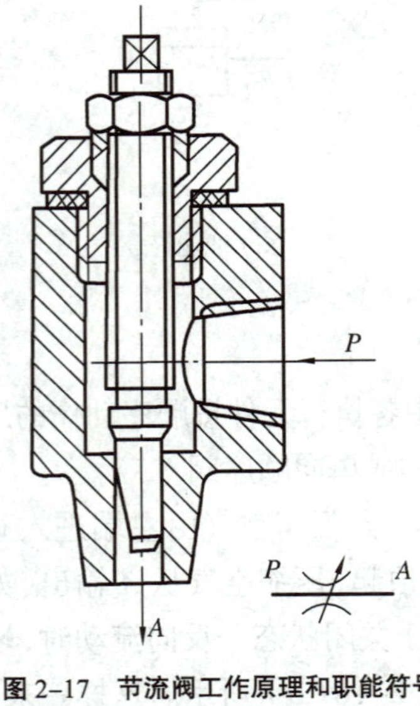

图 2-17　节流阀工作原理和职能符号

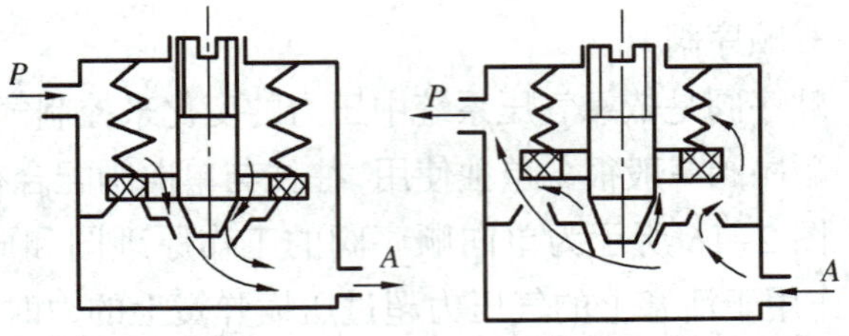

（a）*P–A* 状态　（b）*A–P* 状态

图 2-18　单向节流阀的工作原理

3. 排气节流阀

排气节流阀是装在执行元件的排气口处，调节进入大气中的气体流量的一种控制阀。它不仅能调节执行元件的运动速度，还常带有消声器件，所以也能起降低排气噪声的作用。

图 2-19 为排气节流阀的工作原理图。其工作原理与节流阀类似，靠调节节流口处的同流面积来调节排气流量，由消声套来减小排气噪声。

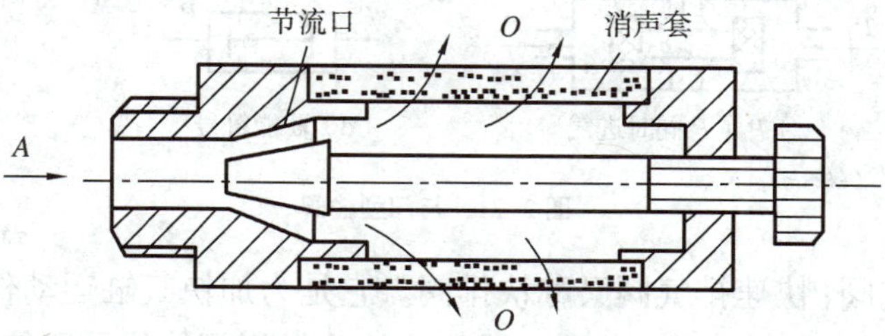

图 2-19　排气节流阀工作原理

在气压传动系统中，因气体具有压缩性，所以用流量控制的方式来调节气缸的运动速度是比较困难的，尤其是在超低速控制中，要按照预定行程来控制速度，单用气动很难实现，在外部负载变化大时，仅用气动流量阀也不会得到满意的效果。为提高其运动平稳性，建议采用气液联动。

三、方向控制阀

方向控制阀是气动控制回路中用来控制压缩空气的流动方向和气流的通断，从而控制执行元件启动、停止及运动方向的气动控制元件。气动方向控制阀种类很多，按阀内气流的流动方向可分为：单向型方向控制阀和换向型方向控制阀。

1. 单向型方向控制阀

单向型方向控制阀只允许气流沿着一个方向流动，它主要包括单向阀、或门型梭阀、与门型梭阀和快速排气阀。

（1）或门型梭阀：在气压传动系统中，当两个通路 P_1 和 P_2 均与另一通路 A 相通，而不允许 P_1 与 P_2 相通时，就要用或门型梭阀，如图 2-20 所示。

如图 2-20（a）所示，当 P_1 进气时，将阀芯推向右边，通路 P_2 被关闭，于是气流从 P_1 进入通路 A。反之，气流则从 P_2 进入 A，如图 2-20（b）所示。当 P_1、P_2 同时进气时，哪端压力高，A 就与哪端相通，另一端就自动关闭。图 2-20（c）为该阀的职能符号。

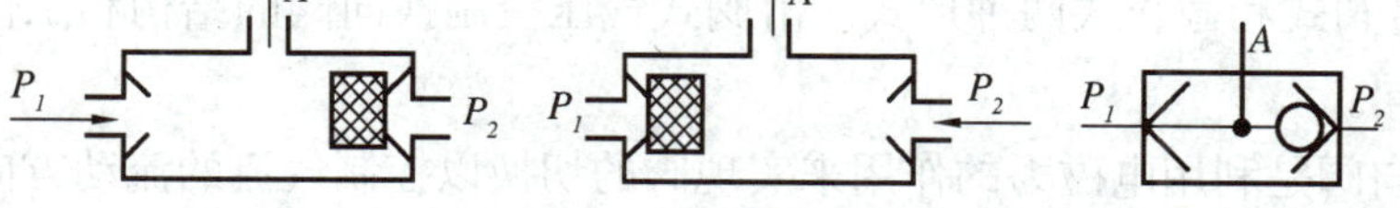

（a）P_1 进气　　（b）P_2 进气　　（c）职能符号

图 2-20　或门型梭阀

（2）与门型梭阀（双压阀）：与门型梭阀又称双压阀，该阀只有当两个输入口 P_1、P_2 同时进气时，A 口才能输出，如图 2-21 所示。

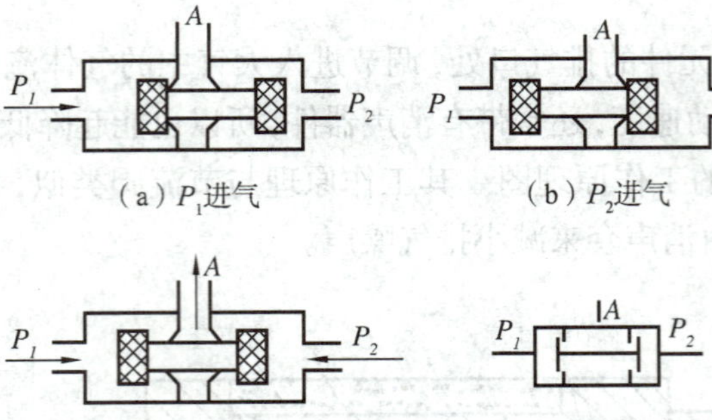

（a）P_1进气　（b）P_2进气

（c）P_1、P_2同时进气　（d）职能符号

图 2–21　与门型梭阀

（3）快速排气阀：快速排气阀又称快排阀。它是为加快气缸运动作快速排气用的，一般安装在换向阀和气缸之间，图 2–22 为膜片式快速排气阀结构及职能符号。当 P 口进气时，推动膜片向下变形，封住排气口 T，P 口经膜片四周小孔与 A 口相通；当 P 口无进气时，A 口的气体推动膜片向上复位，关闭 P 口，A 口气体经 T 口快速排出。

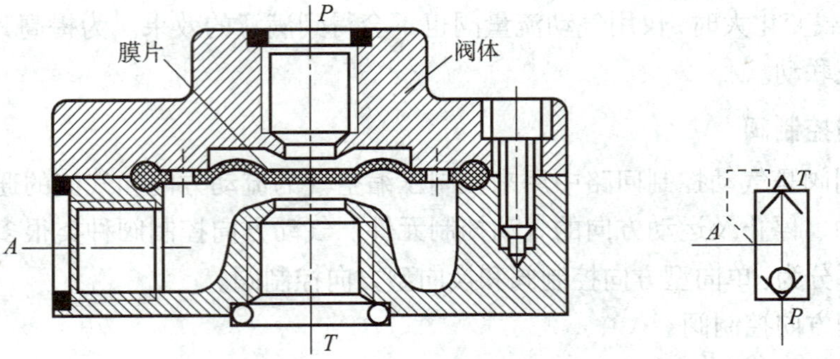

图 2–22　膜片式快速排气阀结构及职能符号

2. 换向型方向控制阀

换向型方向控制阀是通过改变气流通道而使气体流动方向发生变化，从而达到改变气动执行元件运动方向的目的。它包括气压控制换向阀、电磁控制换向阀、机械控制换向阀、人力控制换向阀和时间控制换向阀等。

气压控制换向阀是利用气体压力来使主阀芯运动，从而使气体改变流向的。按主阀结构不同，可分为滑阀式和截止式两种形式。滑阀式气压控制换向阀的结构和工作原理与液压换向阀基本相同。

电磁控制换向阀是利用电磁力的作用来实现阀的切换以控制气流的流动方向。按控制方法不同分为电磁铁直接控制式（直动式）和先导式两种。图 2–23 所示为直动式电磁换向阀的工作原理和职能符号。当电磁铁通电时，推动阀芯向下运动，A 与 T 断开，P 与 A 通，阀处于进气状态。断电时，弹簧力使阀芯复位，P 与 A 断开，A 与 T 通，阀处于排气状态。先导式电磁控制换向阀是由电磁铁首先控制气路，产生先导压力，再由先导压力推动主阀芯，使其换向。此阀适用于通径较大的场合。

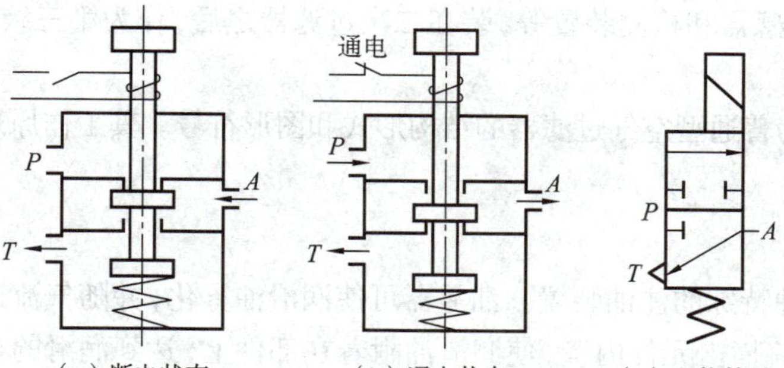

（a）断电状态　（b）通电状态　（c）职能符号

图 2–23 直动式电磁换向阀工作原理

机械控制换向阀（简称机控阀）多用于行程程序控制系统，作为信号阀使用，所以又称行程阀。通常依靠凸轮、撞块或其他机械外力推动阀芯，使其换向。按阀芯头部结构形式分类，常见的有直动圆头式、滚轮式、杠杆滚轮式和可通式等。

人力控制换向阀分为手动阀及脚踏阀两种，其主阀部分的结构和工作原理与前述换向阀相同。人力控制阀常用的操作形式有按钮式、旋钮式、锁式、推拉式、长手柄式和脚踏式等。

时间控制换向阀是使气流通过气阻、气容等延长一定时间，再使阀芯切换的阀，包括延时阀和脉冲阀等。

任务四 气动辅助装置

【教学目标】

1. 了解气动辅助装置的组成。
2. 了解气动辅助装置的重要性。
3. 掌握气动辅助装置的工作原理。

【相关知识】

在气动系统中，从空气压缩机排出的压缩空气经冷却和油水分离后进入贮气罐。来自贮气罐的压缩空气在进入系统时，一般还需经过除水和过滤，有时还要注入润滑剂，工作时还应消除排气噪声，因此，在气动系统中除主要元件和装置外，还需要有气动辅助装置。气动辅助装置主要包括过滤器、油雾器、消声器、管道及管路附件等，它们是气动系统不可缺少的重要组成部分。

一、过滤器

过滤器用来除去压缩空气中的油污、水分和灰尘等杂质。

不同使用场合对气源过滤的要求不同。过滤器分为一次过滤器、二次过滤器和高效过滤器。一次过滤器又称简易过滤器，置于干燥器之后，常用滤网、毛毡、硅胶、焦炭等材料起吸附过滤作用，其滤灰效率为 50%~70%。二次过滤器又称为分水滤气器，在气动系统中应用最广泛，其滤灰效率为 70%~90%。高效过滤器采用滤芯孔径很小的精密分水滤气器，常用于气动传感器和检测装置等，装在二次过滤器之后，作为第三级过滤，其滤灰效率达 99%。

图 2–7 所示为普通型空气过滤器的结构形式和图形符号。其工作原理已在模块二中做了详细介绍。

二、油雾器

油雾器是一种特殊的注油装置。油雾器可使润滑油雾化，并随气流进入到需要润滑的部件，在那里，气流撞击元件内壁，使润滑油附着在部件上，达到润滑的目的。用这种方法注油具有润滑均匀、稳定、耗油量少和不需要大的贮油设备等特点。

图 2–8 所示为油雾器的结构原理图。其工作原理已在模块二中做了详细介绍。

这种油雾器可在不停气的情况下加油，实现不停气加油的关键部件是截止阀。当没有气流输入时，阀中的弹簧把钢球顶起，封住加压管道，阀处于截止状态，如图 2–24（a）所示；正常工作时，压力气体推开钢球进入油杯，油杯内气体的压力加上弹簧的弹力使钢球悬浮于中间位置，截止阀处于打开状态，如图 2–24（b）所示；当进行不停气加油时，拧松加油孔的油塞，储油杯中的气压立刻降至大气压，输入的气体压力把钢球压至下端位置，使截止阀处于反向关闭状态，这样便封住了油杯的进气道，不致使油杯中的油液因高压气体流入而从加油孔中喷出，如图 2–24（c）所示。此外，由于单向阀的作用，压缩空气也不能从吸油管倒流入油杯，所以可在不停气情况下，从油塞口往杯中注油。当注油完毕拧紧油塞后，由于截止阀有少许的漏气，图 2–8 中 *A* 腔内压力逐渐上升，直至把钢球推至中间位置，油雾器重新正常工作。

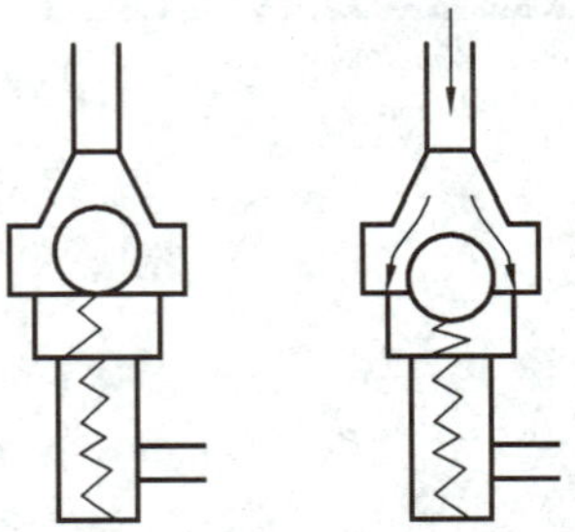

（a）不工作时 （b）工作时（进气）（c）不停气加油时

图 2–24 截止阀

三、消声器

气缸、气马达及气阀等排出的气体速度和功率较高，直接排向大气，能发出可达 100~120 dB 的噪声。为保护人体健康，应设法降低噪声。消声器就是通过阻尼或增加排气面积等方法降低排气的速度和功率，达到降低噪声的目的。常用的消声器有三种形式：吸收型、膨胀干涉型和膨胀干涉吸收型。

1. 吸收型消声器

图 2–25 所示是吸收型消声器的结构形式和职能符号，它是将玻璃纤维、毛毡、泡沫塑料、烧结材料等吸音材料装设于消声器中，有气流通过时，使气流受到阻力，声波被吸收一部分转化为热能，从而降低了噪声。

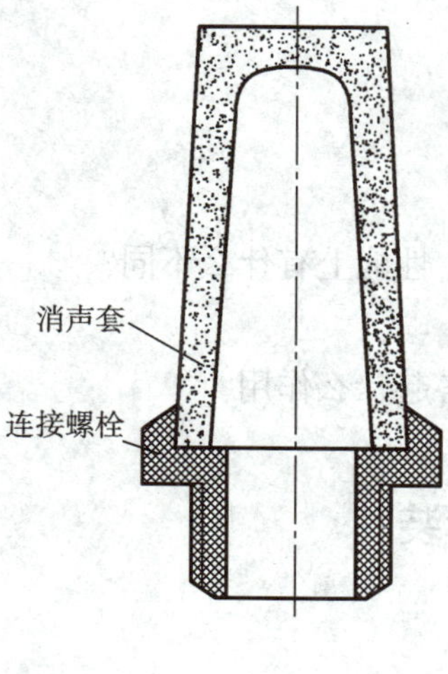

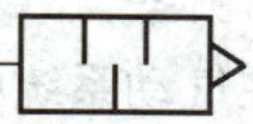

图 2-25　吸收型消声器结构及其职能符号

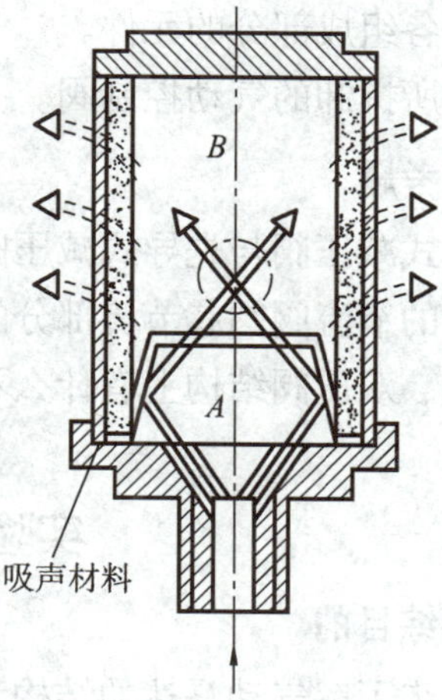

2-26　膨胀干涉吸收型消声器

2. 膨胀干涉型消声器

这种消声器的结构简单，相当于一段比排气孔口径大的管件。当气流通过时，气流在里面扩散、膨胀、碰撞反射，减弱了噪声强度，最后，通过非吸声材料制成的、开孔较大的多孔外壳排入大气。

3. 膨胀干涉吸收型消声器

此类消声器是上述两类消声器的组合，又称混合型消声器，如图 2-26 所示。气流由斜孔引入，在 *A* 室扩散、减速、碰壁撞击后反射到 *B* 室，气流束互相冲撞、干涉，进一步减速，再通过敷设在消声器内壁的吸声材料排向大气。此类消声器消声效果好，低频可消声 20 dB，高频可消声约 45 dB。

一般根据排气口通径选用相应型号的吸收型消声器就可以了，对消声效果要求较高的场合，可选用膨胀干涉型或膨胀干涉吸收型消声器。

相关实验

实验一　气动控制阀的拆装

一、训练目的

1. 进一步熟悉方向控制阀、压力控制阀和流量控制阀的结构和工作原理。

2. 培养拆装气动元件的动手能力。

二、训练器材

方向控制阀（单向阀、梭阀、双压阀、换向型方向控制阀，任选）、压力控制阀（减压阀、顺序阀、安全阀，任选）、流量控制阀（节流阀、单向节流阀、排气节流阀，任选）

三、训练步骤

1. 参照所选的方向控制阀、压力控制阀或流量控制阀的结构原理图进行拆卸。

2. 观察所拆卸的气动控制阀各组成部分的结构。
3. 清洗各组成部分的元件。
4. 组装所拆卸的气动控制阀。

四、思考题

1. 直动式减压阀与先导式减压阀结构上有什么不同？性能上有什么不同？
2. 常用的节流阀阀芯节流部分的形状有哪些？
3. 梭阀、双压阀结构上有什么不同？在气动系统中各起什么作用？

实验二 气动马达的拆装

一、训练目的

1. 进一步了解气动马达的结构和工作原理。
2. 培养拆装气动元件的动手能力。

二、训练器材

叶片式和径向活塞式气动马达。

三、训练步骤

1. 参照气动马达的机构原理图进行拆卸。
2. 观察所拆卸的气动马达各组成部分的结构。
3. 清洗各组成部分的元件。
4. 组装所拆卸的气动马达。

四、思考题

1. 叶片式气动马达是如何使叶片紧密地压在定子的内壁上以保证密封的？
2. 结合拆装体验，说一说径向活塞式气动马达的工作原理。

思考练习题

一、填空题

1. 气源装置的主体是 ________，通常所说的气源装置还包括 ________。
2. 空气压缩机按压力大小可分成 __________、__________ 和 __________；按工作原理可分为 __________ 和 __________。
3. 辅助元件主要包括 ________、________、________、________ 及 ________ 等。
4. 气动系统中 ________、________ 和 ________ 常组合在一起使用，俗称气动三联件。
5. 空气过滤器的作用是滤除压缩空气中的 ________、________ 及 ________，以达到气动系统所要求的净化程度。
6. 油雾器一般安装在 ________ 之后，尽量靠近 ________。
7. 常用的消声器有三种形式：________、________ 和 ________。

8. 气动控制元件按功能和用途可分为 ________、________ 和 ________ 三大类。
9. 减压阀是调节或控制 ________ 的变化，并保持压力值稳定在需要的数值上，确保系统压力稳定的控制阀。
10. 安全阀（又称溢流阀）是保持一定的 ________，并且在系统管路压力超过预调值时，为保证系统安全，会将部分空气放掉的控制阀。
11. 顺序阀是在两个以上的分支回路中，能够依据 ________ 控制执行元件按规定的程序进行顺序动作的控制阀。
12. 常用的流量控制阀有 ________、________、________ 等。
13. 单向型方向控制阀只允许气流沿着一个方向流动。它主要包括 ________、________、________ 和 ________ 等。

二、判断题

1. 活塞式空气压缩机是容积式空气压缩机中最常用的形式。（　　）
2. 贮气罐可以进一步分离压缩空气中的水分和油分等杂质。（　　）
3. 先导式减压阀由压缩空气代替调压弹簧来调节输出压力。（　　）
4. 气压控制换向阀属于换向型方向控制阀。（　　）

三、选择题

1. 用于降低压缩空气的温度，并使压缩空气中的大部分水汽、油雾冷凝成水滴、油滴的气源净化装置是（　　）
   A. 后冷却器　　B. 油水分离器　　C. 贮气罐　　D. 干燥器
2. 空气过滤器与减压阀、油雾器组合使用时，装于进气系统最前面的是（　　）
   A. 油雾器　　B. 减压阀　　C. 分水滤气器　　D. 与组合顺序无关
3. 下列元件中不属于压力控制阀的是（　　）
   A. 顺序阀　　B. 减压阀　　C. 安全阀　　D. 双压阀

四、简答题

1. 使用空气压缩机时应注意哪些事项？
2. 简述气动控制元件的分类及作用。

模块三　气动基本回路及典型气动系统

气动系统与液压系统一样，无论多么复杂，也都是由一些基本回路组成的。本章主要介绍一些常用的气动基本回路，阅读气压传动系统图的一般步骤，并介绍几个气压传动系统实例。

任务一　气动基本回路

【教学目标】

1. 掌握气压传动系统原理图。
2. 具有采用标准气动元件设计常用气动回路的能力。
3. 会分析气动系统的功能特点及相关元件在系统中的作用。

【相关知识】

气动系统基本回路有压力控制回路、速度控制回路、换向回路和其他一些回路。

一、压力控制回路

压力控制回路用于调节和控制系统压力，使之保持在某一规定的范围之内。常用的有一次压力控制回路和二次压力控制回路。

1. 一次压力控制回路

图 3-1 所示的回路就是一次压力控制回路。在贮气罐上安装一个起安全保护作用的溢流阀，一旦气罐内的气体压力超过规定压力，就会通过它向大气放气，从而保证贮气罐送出的气体压力不超过规定压力。

若在贮气罐上安装一电接点压力表也可实现同样的作用，一旦罐内的气体压力超过规定压力时，即由电接点压力表控制空气压缩机断电而不再供气。两种方法比较而言，采用溢流阀结构简单，工作可靠，但气量浪费大；采用电接点压力表对电机及控制要求高，常用于对小型空压机的控制。

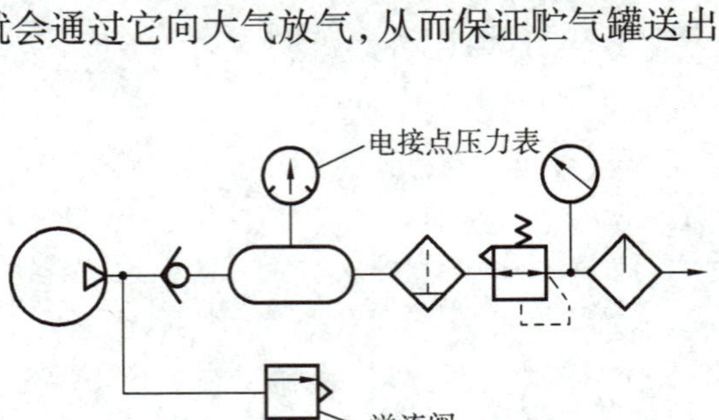

图 3-1　一次压力控制回路

2. 二次压力控制回路

图 3-2 所示是二次压力控制回路，主要用来控制气动系统的气源压力。图 3-2（a）由气动三联件组成，主要由溢流阀来实现压力控制；图 3-2（b）是由减压阀和换向阀组成，能实现对同一系统输出高、低两种压力 P_1、P_2 的控制；图 3-2（c）则是由减压阀来实现对不同系统输出不同压力 P_1、P_2 的控制。

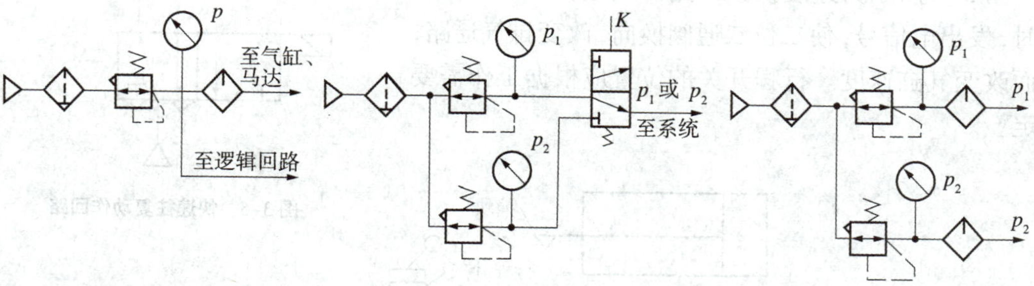

（a）由溢流阀控制压力　（b）由减压阀和换向阀控制压力　（c）由减压阀控制压力

图 3-2　二次压力控制回路

二、速度控制回路

气动系统主要的调速方法是节流调速。

1. 单作用气缸速度控制回路

图 3-3 所示为单作用气缸速度控制回路。在图 3-3（a）回路中，两个单向节流阀反接，可分别控制活塞杆伸出和缩回的速度；在图 3-3（b）中，气缸活塞上升时节流调速，下降时则通过快速排气阀排气，使活塞快速返回。

2. 双作用气缸速度控制回路

图 3-4 所示为双作用气缸速度控制回路。图 3-4（a）是采用单向节流阀的双向调速回路；图 3-4（b）是采用排气节流的双向调速回路，它们都采用排气节流调速方式。当外负载变化不大时，采用排气节流调速方式，进气阻力小，负载变化对速度影响小，比进气节流调速效果好。

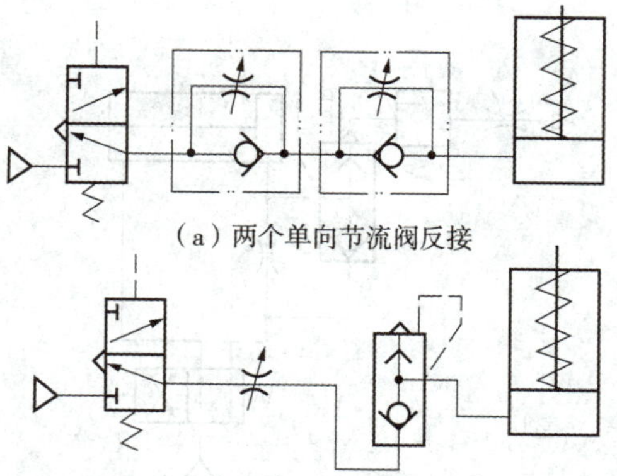

（a）两个单向节流阀反接

（b）节流阀和排气阀调速

图 3-3　单作用气缸速度控制回路

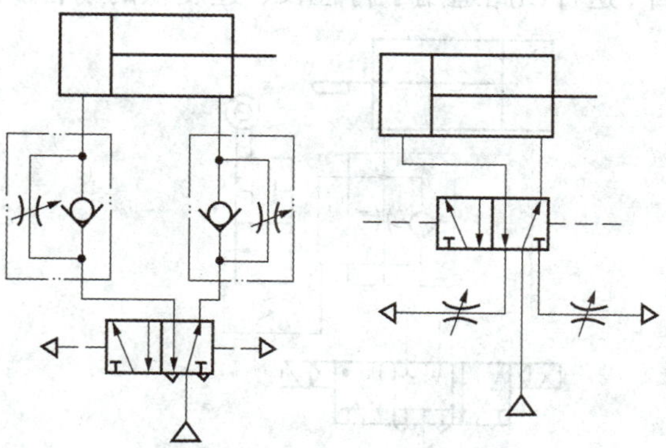

（a）单向节流阀调速　（b）排气节流阀调速

图 3-4　双作用气缸速度控制回路

3. 快速往复动作回路

图 3-5 所示为采用快速排气阀的快速往复动作回路，若欲实现气缸单向快速运动，可省去图中一只快速排气阀。

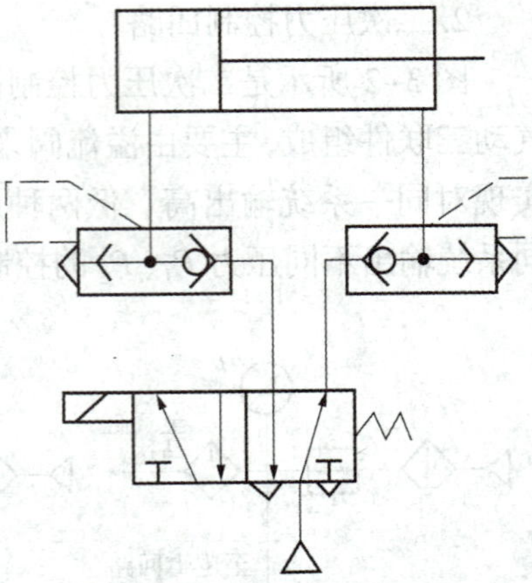

图 3-5 快速往复动作回路

4. 速度换接回路

图 3-6 所示为速度换接回路。当撞块压下行程开关时，发出电信号，使二位二通阀换向，改变排气通路，从而改变气缸速度。行程开关的位置应根据工作需要确定。

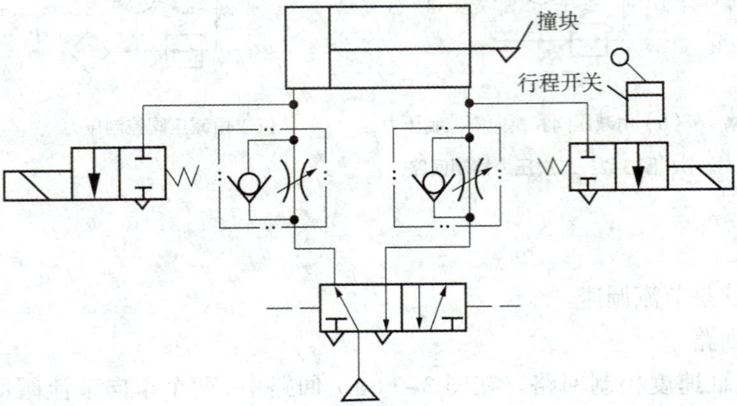

图 3-6 速度换接回路

5. 缓冲回路

气缸在行程长、速度快、惯性大的情况下，往往需要采用缓冲回路来消除冲击。图 3-7（a）所示的回路可实现快进—慢进—缓冲—停止—快退的工作循环，行程阀可根据需要调整缓冲过程，常用于惯性大的场合。图 3-7（b）所示的回路是当活塞返回至行程末端时，其左腔压力已降至打不开顺序阀的程度，剩余气体只能经过节流阀排出，使活塞得到缓冲，这种回路适用于行程长、速度快的场合。

（a）采用行程阀的缓冲回路

（b）采用快速排气阀、顺序阀和节流阀的缓冲回路

图 3-7 缓冲回路

三、换向回路

1. 单作用气缸换向回路

图 3-8（a）所示为二位三通电磁阀控制的换向回路。通电时，活塞杆伸出；断电时，在弹簧力的作用下活塞杆缩回。图 3-8（b）所示为三位五通阀电—气控制的换向回路，该阀可以使气缸停止在任意位置，但定位精度不高、定位时间不长。

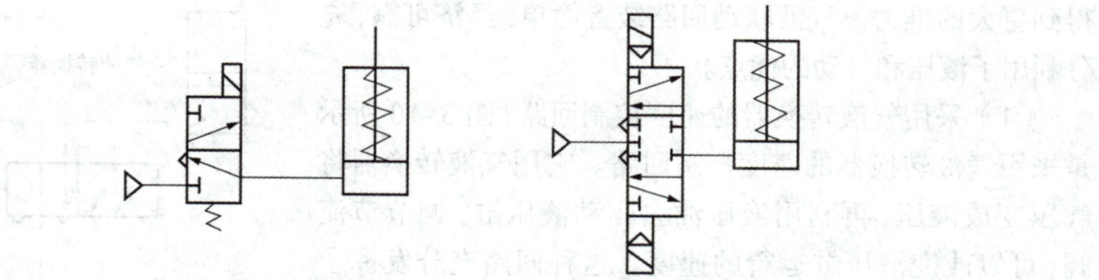

（a）二位三通运动控制　（b）二位五通运动控制

图 3-8　单作用气缸换向回路

2. 双作用气缸换向回路

实现双作用气缸换向的方法有很多，图 3-9 列举了几种常用的双作用气缸换向回路。图 3-9（a）为手动换向阀控制二位五通主阀操纵气缸换向；图 3-9（b）为二位五通双电控阀控制气缸换向；图 3-9（c）为两个手动换向阀控制二位五通主阀操纵气缸换向；图 3-9（d）为三位五通阀控制气缸换向。

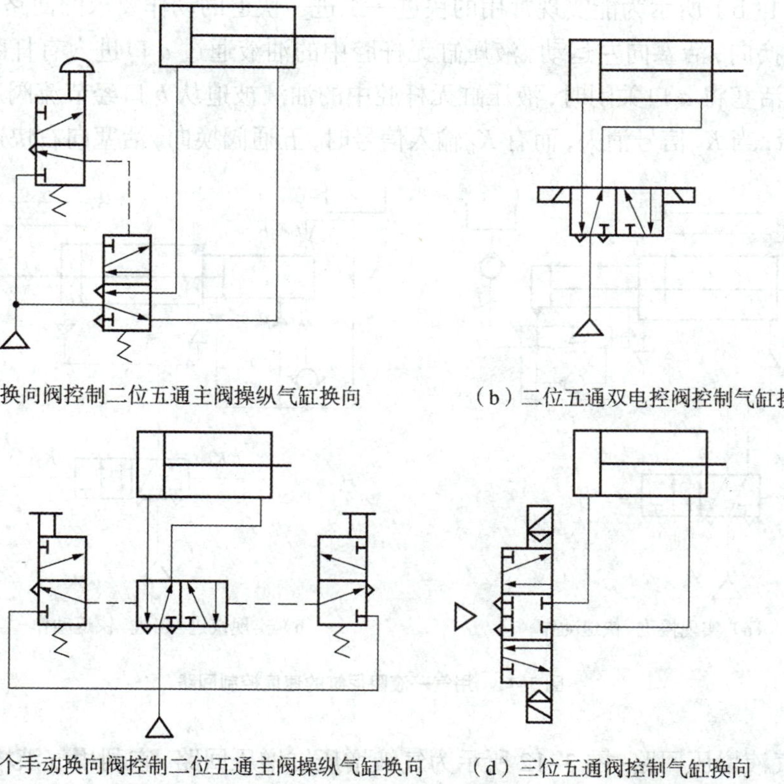

（a）手动换向阀控制二位五通主阀操纵气缸换向　（b）二位五通双电控阀控制气缸换向

（c）两个手动换向阀控制二位五通主阀操纵气缸换向　（d）三位五通阀控制气缸换向

图 3-9　双作用气缸换向回路

四、其他回路

1. 气液联动回路

气压回路中，采用气液转换器或气—液阻尼缸后，就相当于把气压传动转换为液压传动，这就使执行元件的运动平稳，速度调节更加稳定。若采用气液增压回路，还能得到更大的推力。气液联动回路装置简单，经济可靠，充分利用了液压和气动的优点。

（1）采用气液转换器的速度控制回路：图 3-10 所示是采用气液转换器的速度控制回路。它用气液转换器将气压变成液压，再利用液压油去驱动液压缸，调节节流阀，可以改变液压缸运行的速度。这种回路充分发挥了气动供气方便和液压容易控制速度的特点。气液转换器的油量应不小于液压缸有效容积的 1.5 倍，同时要注意气压、液压间的密封，避免气、油相混。

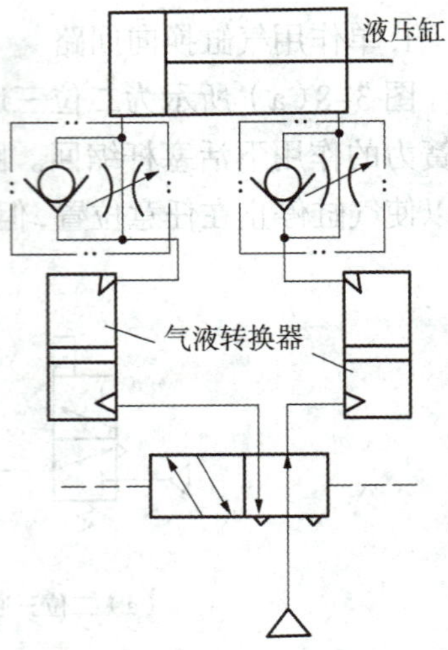

图 3-10 气液速度控制回路

（2）采用气—液阻尼缸的速度控制回路：图 3-11 所示是采用气—液阻尼缸的速度控制回路。图 3-11（a）所示为能实现慢进—快退动作要求的回路，改变单向节流阀的开度，即可控制活塞的前进速度；活塞返回时，气—液阻尼缸中液压缸的无杆腔的油液通过单向阀快速流入有杆腔，因而返回速度较快。高位油箱仅起补充泄漏油液的作用。

图 3-11（b）所示为能实现常用的快进—工进—快退的动作要求的回路。当有 K_2 信号时，五通阀换向，活塞向左运动，液压缸无杆腔中的油液通过 a 口进入有杆腔，气缸快速向左前进；当活塞将 a 口关闭时，液压缸无杆腔中的油液被迫从 b 口经节流阀进入有杆腔，活塞工作进给；当 K_2 信号消失，而有 K_1 输入信号时，五通阀换向，活塞向右快速返回。

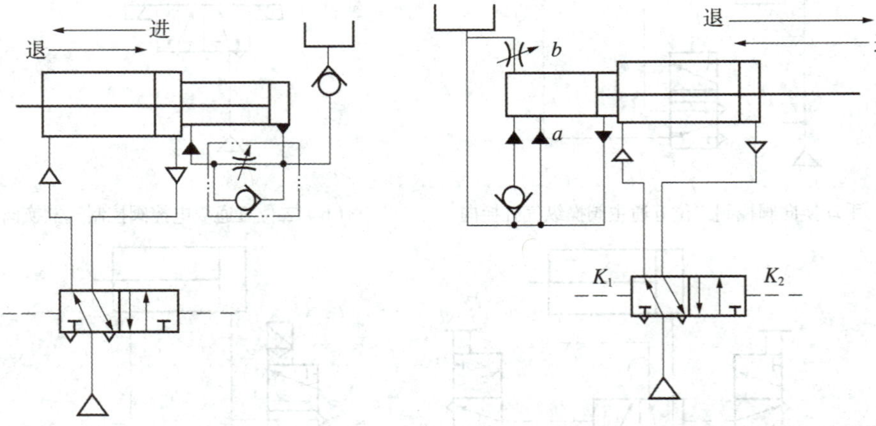

（a）实现慢进-快退动作　（b）实现快进-工进-快退动作

图 3-11 用气—液阻尼缸的速度控制回路

（3）气液增压回路：图 3-12 所示为气液增压缸增压回路，它利用气液增压缸把较低的气压变为较高的液压力。该回路中用单向节流阀调节气液缸的右行速度，返回时用气压驱动，通过单向阀回油，实现快速返回。

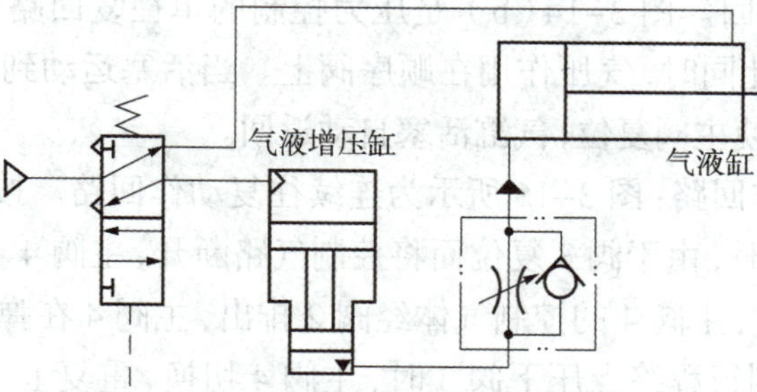

图 3–12　气液增压缸增压回路

2. 延时回路

图 3–13（a）所示为延时接通回路。当有信号 K 输入时，阀 A 换向，此时气源经节流阀缓慢向气罐 C 充气，经一段时间 t 延时后，气罐内压力升高到预定值，使主阀 B 换向，气缸活塞开始右行。当信号 K 消失后，气罐 C 中的气体可经单向阀迅速排出，主阀 B 立即复位，气缸活塞返回。改变节流口开度，可调节延时换向时间的长短。

将单向节流阀反接，得到延时断开回路，其功用正好与上述相反，如图 3–13（b）所示。

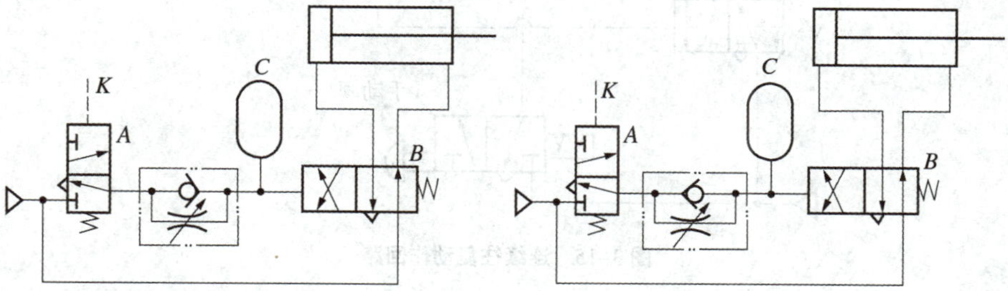

（a）延时接通回路　　（b）延时断开回路

图 3–13　延时回路

3. 往复动作回路

气动系统中采用往复动作回路，可提高自动化程度。常用的往复动作回路有单往复和连续往复两种。

（1）单往复动作回路：图 3–14 所示为两种常用的单往复动作回路。图 3–14（a）是行程控制的单往复回路。按下手动阀，主阀切换，气缸活塞右行；当撞块碰下行程阀时，主阀

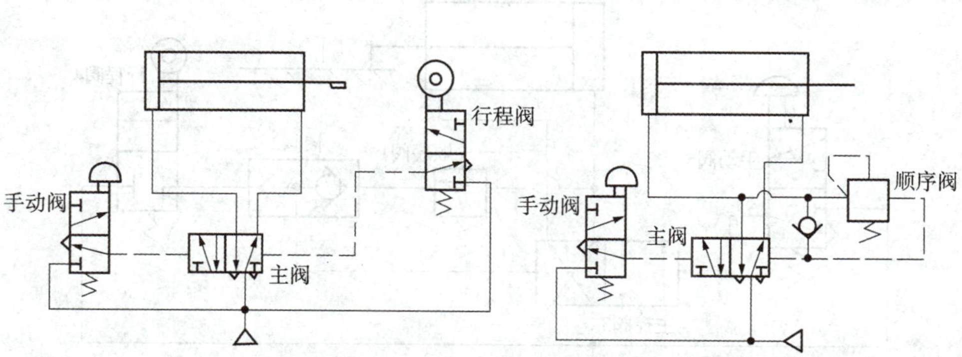

（a）行程控制的单往复回路　　（b）压力控制的单往复回路

图 3–14　单往复动作回路

复位，气缸活塞自动返回。图 3-14（b）是压力控制的单往复回路。按下手动阀，主阀切换，气缸活塞右行；与此同时，气压作用在顺序阀上。当活塞运动到行程终点时，无杆腔压力升高并打开顺序阀，使主阀复位，气缸活塞自动返回。

（2）连续往复动作回路：图 3-15 所示为连续往复动作回路。按下手动阀 1，主阀 4 切换，气缸活塞右行。此时，由于阀 3 复位而将控制气路断开，主阀 4 不能复位。当活塞前行到行程终点压下阀 2 时，主阀 4 的控制气体经阀 2 排出，主阀 4 在弹簧作用下复位，气缸活塞返回。当活塞返回到行程终点压下阀 3 时，主阀 4 切换，重复上一循环动作。断开手动阀 1，方可使这一连续往复动作在活塞返回到原位置时停止。

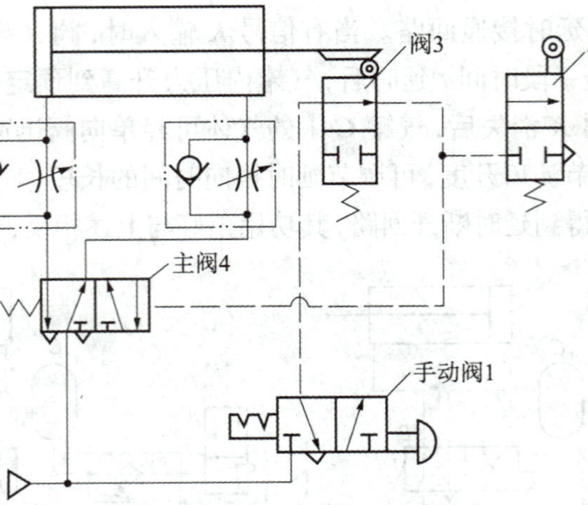

图 3-15 连续往复动作回路

4. 安全保护回路

气动执行元件的过载、气压的突然降低以及气动执行机构的快速动作等原因，都可能危及操作人员或设备的安全。因此，在气动回路中，常常要加入安全回路。常见的安全回路有过载保护回路、互锁回路及双手操作安全回路。

（1）过载保护回路：具有过载保护回路的系统，在活塞杆伸出途中，若遇到偶然障碍或其他原因使气缸过载，可以保证活塞自动返回，实现过载保护。如图 3-16 所示，当气缸活

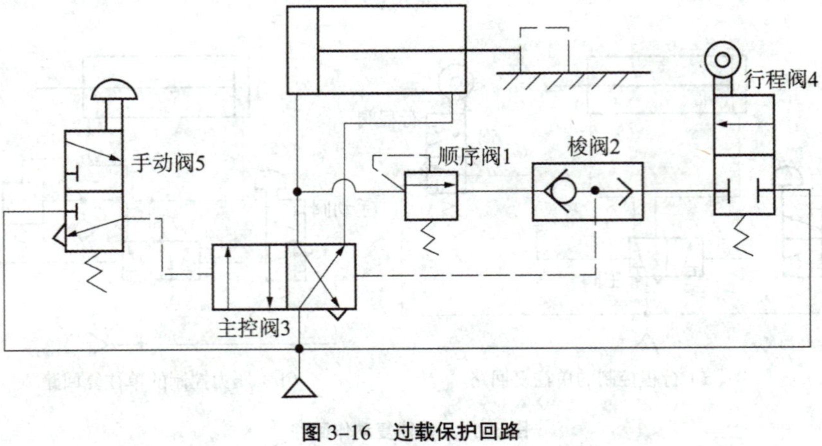

图 3-16 过载保护回路

塞向右运动，左腔压力升高超过预定值时，顺序阀 1 打开，控制气流经梭阀 2 将主控阀 3 切换至右位（图示位置），使活塞返回，气缸左腔气体经主控阀 3 排出，防止系统过载。

（2）互锁回路：图 3-17 所示是互锁回路。当图中一个气缸动作时，其他气缸不允许动作。回路利用梭阀 1、2、3 及换向阀 4、5、6 进行互锁。如切换阀 7，阀 4 也将切换，使 *A* 缸活塞杆伸出。与此同时，*A* 缸的进气气流使梭阀 1、2 动作，把阀 5 和 6 锁住。故此时即使阀 8、9 有切换信号，*B*、*C* 缸也不会动作。如果要改变气缸的动作，必须把前动作缸的气控阀复位才行。

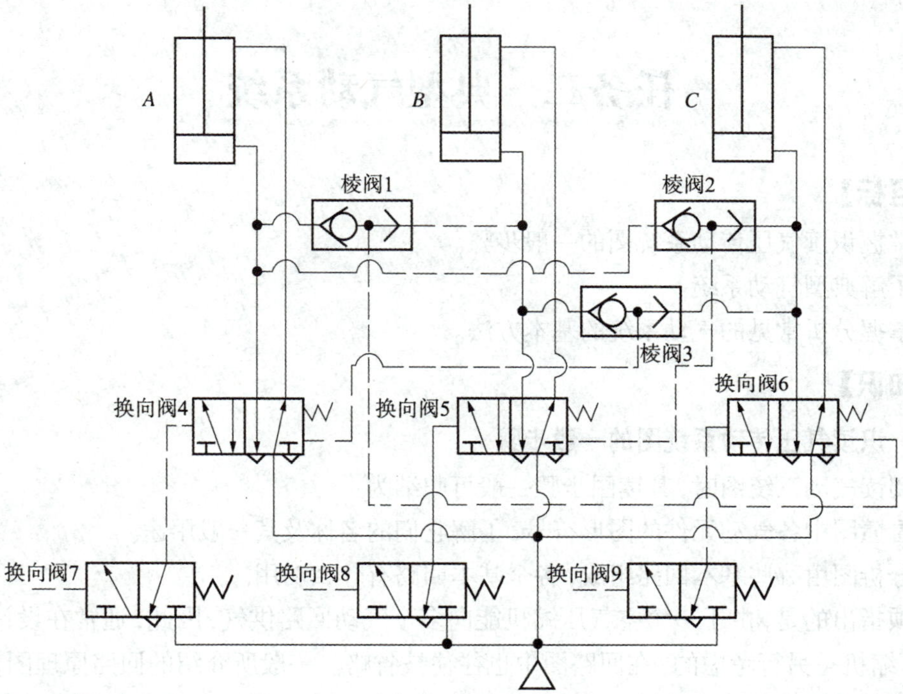

图 3-17　互锁回路

（3）双手操作回路：双手操作回路是具有两个启动用手动阀，而且是只有同时按动这

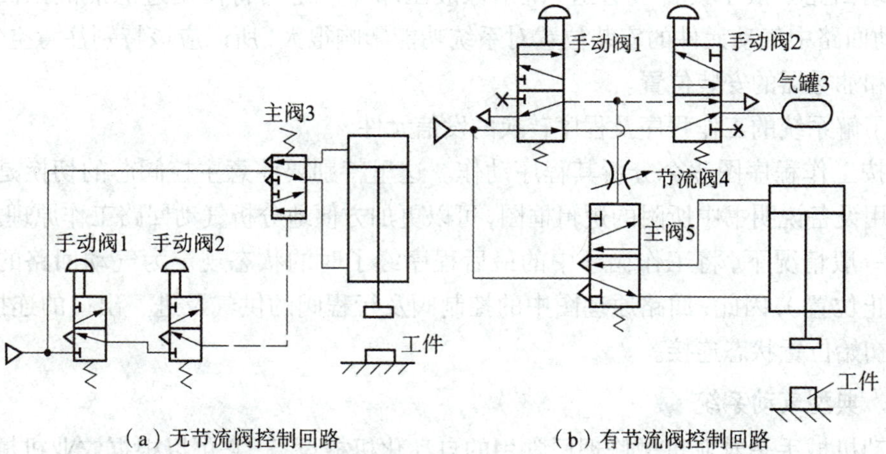

图 3-18　双手操作安全回路

两个阀才能动作的回路。常用来避免误动作，以保护操作者人身安全及设备的正常工作。在图3-18（a）中，只有同时操作手动阀1和2，主阀3才切换，气缸活塞才能下落。阀1和阀2应安装在单手不能同时操作的距离上，确保不会产生误动作。在图3-18（b）中，当两手同时按下手动阀1和2时，气罐3中预先充满的空气经阀2及节流阀4节流延迟一定时间后切换主阀5，气缸活塞才能下落。如果两手不同时按下手动阀，或因其中一个手动阀不能复位，气罐3内的压缩空气都将通过手动阀1的排气口排空，建立不起控制压力，阀5不能切换，活塞也不能下落。因此，这种回路较前一回路更为安全可靠。

任务二 典型气动系统

【教学目标】

1. 掌握识读气压传动系统图的一般步骤。
2. 了解典型气动系统。
3. 掌握分析常见的气动系统的基本方法。

【相关知识】

一、识读气压传动系统图的一般步骤

在阅读气动系统图时，其读图步骤一般可归纳为：

1. 看懂图中各气动元件的图形符号，了解它们的名称及其一般用途。

2. 分析图由哪些基本回路组成，各个基本回路有什么功用。

必须指出的是，由于一个空气压缩机能向多个气动回路供气，因此，通常在设计气动回路时，压缩机是另行考虑的，在回路图中也往往被省略。一般所介绍的回路原理图，仅是整个气动控制系统中的核心部分，一个完整的气动系统还应有气源装置、气源调节装置及其他气动辅助元件等。同时，必须考虑原空气压缩机的容量，以免在增设回路后引起使用压力下降。

气动回路一般不设排气管道，既不像液压那样一定要将使用过的油液排回油箱。另外，气动回路中气动元件的安装位置对系统功能影响很大，所以应该特别注意空气过滤器、减压阀和油雾器的安装位置。

3. 了解系统的工作程序及程序转换的发信元件。

4. 按工作程序图逐个分析其程序动作。这里特别要注意主控阀芯的切换是否存在障碍。使用设备说明书中所附的逻辑框图，可以更加方便地分析气动回路工作原理。

5. 一般情况下，将工作循环中的最后程序终了时的状态规定为气动回路的初始位置（或静止位置），因此，回路原理图中的控制阀及行程阀的供气及进、出口的连接位置，应按回路初始位置状态连接。

二、典型气动系统

气动机械手是农业机械修理厂常用的自动化机械设备，它可以根据农业机械的各种修理工作要求，按照预定的控制程序，完成预定的动作。

图 3-19 是通用机械手的结构示意图。它由真空吸头、水平缸、垂直缸、齿轮齿条副、回转机构缸及小车等组成。它一般可用在机修车间装卸轻质、薄片工件。其基本工作循环是：垂直缸上升—水平缸伸出—回转机构缸复位—水平缸下降。

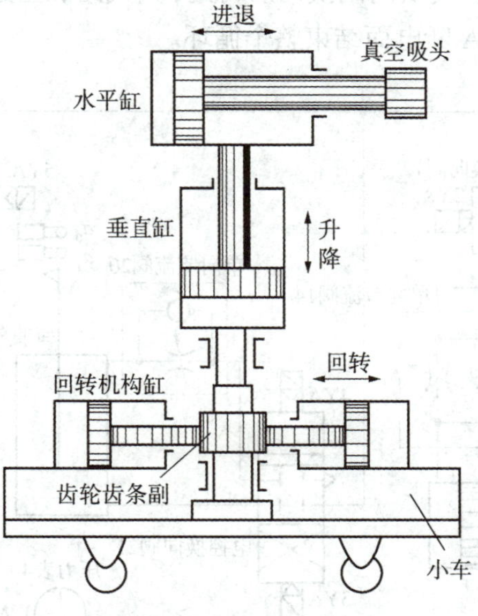

图 3-19　通用机械手结构示意

通用机械手的气压传动系统原理如图 3-20 所示。空气压缩机输出的压缩空气进入贮气罐 3 后，由截止阀 6 流出，经油水分离器 7 和空气过滤器 8 的过滤和净化，再经减压阀 9 减压获得系统所需的压力气源，只要相应的气路打开，具有一定压力的压缩空气便从该气源流出，途径油雾器 11 把润滑油雾化吸入气流中，分送到有关气缸。根据上述的基本工作循环，系统的工作原理如下：

（1）垂直缸上升

按下启动按钮，4YA 通电，电控换向阀 21 处上位，其气路是：

气源—油雾器 11—电控换向阀 21 上位—垂直气缸 19 下腔；气缸上腔—单向节流阀 20 节流口—电控换向阀 21 上位—大气。

垂直缸活塞在其挡块碰到电气行程开关 a_1 时，4YA 断电而停止。

（2）水平缸伸出

当电气行程开关 a_1 被垂直缸上挡块碰到，发出信号使 4YA 断电、5YA 通电，于是电控换向阀 15 处左位，其气路是：

气源—油雾器 11—电控换向阀 15 左位—气缸 18 左腔；水平气缸 18 右腔的单向节流阀 16 节流口—电控换向阀 15 左位—大气。

当水平缸活塞伸至预定位置挡块碰到行程开关 b_1 时，5YA 断电而停止，真空头吸取工件。

（3）回转机构缸复位

当行程开关 b_1 发出信号使 5YA 断电、1YA 通电时，电控换向阀 12 处左位，其气路是：

气源—油雾器—电控换向阀 12 左位—单向阀—回转机构缸 13 左腔；回转机构缸 13 右腔单向节流阀 14 节流口—电控换向阀 12 左位—大气。

当齿条活塞到位时，真空头工件在下料点下料，挡块碰开关 c_1，使 1YA 断电、2YA 通电，回转机构缸停止后又向反方向复位。

从回转机构缸复位动作—水平缸退位—垂直缸下降至原位，全部动作均由电气行程开关发信号引发相应的电磁铁使换向阀换向后得到，其气路和上述正好相反。到垂直缸复原位时，碰行程开关 a，使 3YA 断电而结束整个循环。

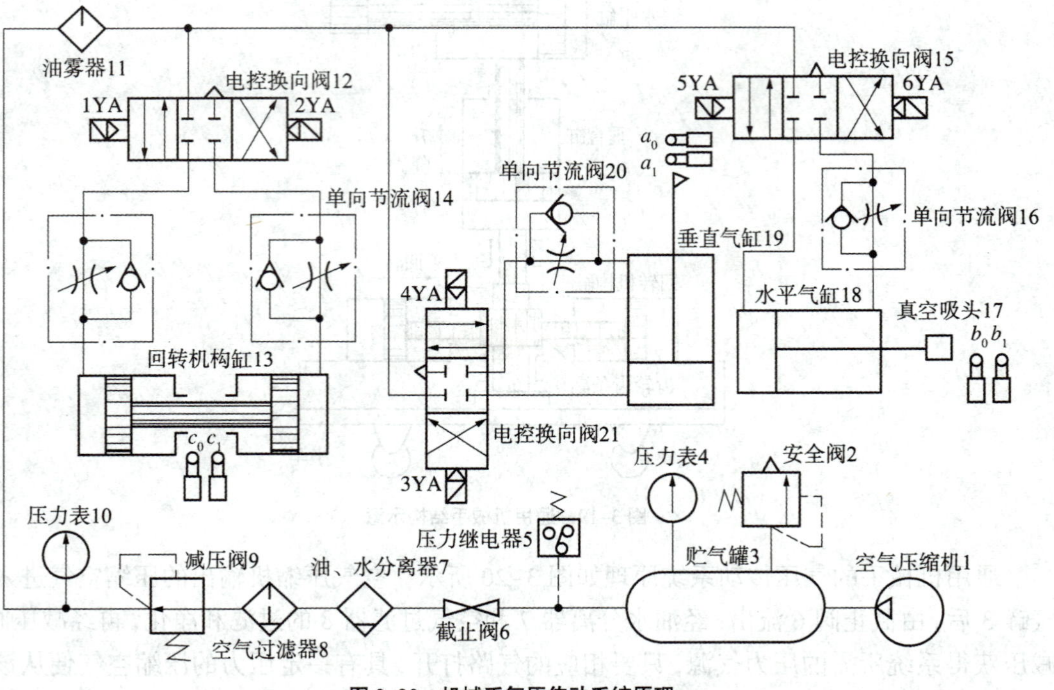

图 3-20 机械手气压传动系统原理

思考练习题

一、填空题

1. 气动系统基本回路有 ________、________、________ 和其他一些回路。
2. 气动系统主要的调速方法是 ________。
3. 气缸在行程长、速度快、惯性大的情况下，往往需要采用 ________ 回路来消除冲击。
4. 常用的往复动作回路有 ________ 和 ________ 两种。
5. 气压回路中，采用气—液转换器或气—液阻尼缸后，就相当于把气压传动转换为 ________，这就使执行元件的运动平稳，速度调节更加稳定。
6. 常见的安全回路有 ________、________ 及 ________ 回路。
7. 压力控制回路用于 ________ 系统压力，使之保持在某一规定的范围之内。
8. 压力控制回路常用的有 ________ 回路和 ________ 回路。
9. ________ 回路装置简单，经济可靠，充分利用了液压和气动的优点。
10. ________ 回路，利用气液增压缸把较低的气压变为较高的液压力。

11. ______ 回路是具有两个启动用手动阀，而且是只有同时按动这两个阀才能动作的回路。
12. 双手操作回路常用来 ________，以保护操作者人身安全及设备的正常工作。

二、判断题

1. 一次压力控制回路用于保证贮气罐送出的气体压力不超过规定压力。（　　）
2. 当外负载变化不大时，采用排气节流调速方式比进气节流调速效果好。（　　）
3. 气—液转换器或气—液阻尼缸能够把液压传动转换为气压传动。（　　）

三、简答题

1. 压力控制回路的作用是什么？
2. 在气动回路中，为什么常常加入安全保护回路？常用的安全保护回路有哪些类型？
3. 阅读气压传动系统图的一般步骤是什么？
4. 试述机械手气压传动系统的工作过程。

图书在版编目（CIP）数据

液压与气压传动 / 乔光晖主编 . —济南：山东科学技术出版社，2014.2（2019.1 重印）
21 世纪全国高职高专机械专业多媒体教材

ISBN 978-7-5331-7239-8

Ⅰ . ①液… Ⅱ . ①乔… Ⅲ . ①液压传动—职业教育—教材 ②气压传动—职业教育—教材Ⅳ . ① TH137 ② TH138

中国版本图书馆 CIP 数据核字 (2013) 第 318446 号

液压与气压传动

YEYA YU QIYA CHUANDONG

责任编辑：王洪胜　梁天宏
装帧设计：刘　翌　孙　佳

主管单位：山东出版传媒股份有限公司
出 版 者：山东科学技术出版社
地址：济南市市中区英雄山路 189 号
邮编：250002　电话：（0531）82098088
网址：www.lkj.com.cn
电子邮件：sdkj@sdpress.com.cn
发 行 者：山东科学技术出版社
地址：济南市市中区英雄山路 189 号
邮编：250002　电话：（0531）82098071
印 刷 者：山东新华印刷厂潍坊厂
地址：潍坊市潍州路 753 号
邮编：261031　电话：（0536）2116806

规格：16 开（184mm × 260mm）
印张：10.5　**字数：**243 千　**印数：**3001~4000
版次：2014 年 2 月第 1 版　2019 年 1 月第 2 次印刷
定价：22.00 元